多智能体系统的协调分析与控制

韩　涛　肖　波　詹习生　严怀成　著

科学出版社

北　京

内 容 简 介

多智能体系统协调控制是控制领域的研究热点，正渗透到社会系统、生物系统、军事系统、经济系统等众多领域中，其相关的研究已成为目前学术界一个具有挑战性的研究课题。本书系统地介绍作者近年来在多智能体系统的协调分析与控制领域的研究成果，具体内容包括线性多智能体系统的有限时间编队跟踪控制、包含控制、编队包含控制，以及非线性领导者-跟随者多智能体系统的多编队控制问题、异质多智能体系统的输出一致性、固定时间二部一致性、二部输出一致性问题等。

本书适合控制理论、系统科学及相关专业的高年级本科生、研究生、教师和广大科技工作者及工程技术人员参考使用。

图书在版编目（CIP）数据

多智能体系统的协调分析与控制 / 韩涛等著. —北京：科学出版社，2023.6

ISBN 978-7-03-075907-8

Ⅰ. ①多…　Ⅱ. ①韩…　Ⅲ. ①智能系统-研究　Ⅳ. ①TP18

中国国家版本馆 CIP 数据核字（2023）第 110521 号

责任编辑：赵艳春　霍明亮 / 责任校对：崔向琳
责任印制：吴兆东 / 封面设计：蓝　正

科学出版社 出版
北京东黄城根北街 16 号
邮政编码：100717
http://www.sciencep.com
北京中石油彩色印刷有限责任公司印刷
科学出版社发行　各地新华书店经销
*
2023 年 6 月第 一 版　开本：720 × 1000　1/16
2024 年 8 月第二次印刷　印张：9
字数：181 000

定价：98.00 元
（如有印装质量问题，我社负责调换）

前　　言

多智能体系统由一系列相互作用的智能体构成，内部的各个智能体之间通过相互通信、合作、竞争等方式，完成单个智能体不能完成的、大量而又复杂的工作。随着工业和经济的发展，人们越来越关注各个智能体之间相互协调合作而不冲突地完成任务，因此多智能体系统的协调控制显得非常重要。由于多智能体系统的协调控制问题有着广泛的应用前景，如军事、航天和工业等方面，受到国内外学者的广泛关注，需要来自各个学科的学者从不同角度进行研究。

本书以多智能体系统的动力学行为及协调控制为背景，结合复杂网络理论、代数图论及控制理论等相关知识，对多智能体系统的编队控制、包含控制、编队包含控制、二部一致性及二部输出一致性等问题进行研究。

本书共分 11 章。第 1 章对多智能体系统的研究背景及意义，以及一致性、蜂拥控制、编队控制和包含控制的研究现状进行综合阐述。第 2 章给出本书中用到的基本概念与知识。第 3 章介绍线性多智能体系统的分布式有限时间编队跟踪控制问题。第 4 章介绍非线性领导者-跟随者多智能体系统的多编队控制问题。第 5 章介绍二阶多智能体系统的包含控制问题。第 6 章介绍基于干扰观测器的多智能体系统包含控制问题。第 7 章介绍二阶多智能体系统的分布式编队包含控制问题。第 8 章介绍基于输出调节法的异质多智能体系统输出一致性问题。第 9 章介绍基于扰动的多智能体系统固定时间二部一致性问题。第 10 章介绍基于扰动的异质多智能体系统二部输出一致性问题。第 11 章介绍基于输出调节法的异质多智能体系统二部输出一致性问题。

本书得到了以下项目的资助：国家自然科学基金项目"不确定通信下异质多智能体系统分析与优化设计"（62071173）、"不完全信息下无线网络化系统性能分析与安全控制"（62072164）、"融合通信参数的多变量网络化系统分析与设计"（61971181）和湖北省自然科学基金项目"异质多智能体系统的混杂协调控制研究"（2022CFB479）。书中内容集中体现了以上项目的最新研究成果。

限于作者水平，书中难免存在不足之处，敬请广大读者批评指正。

作　者

2023 年 2 月

目　录

第1章 绪 论

本章首先介绍多智能体系统的研究背景及意义，然后对多智能体系统协调控制问题的研究现状进行综合阐述，最后介绍本书的主要内容。

1.1 研究背景及意义

复杂性科学是一门新兴的前沿交叉学科，其研究对象为复杂系统，旨在揭示和探究复杂系统的运行规律，以满足人们探索未知奇妙世界的需求。自 20 世纪 80 年代起，复杂性科学的相关研究吸引了国内外各领域众多学者的广泛关注和重视，同时也被科学家称为"21 世纪的科学"。1998 年，Watts 和 Strogatz[1]探索出小世界网络现象，并将这一重要成果发表在《自然》杂志上。1999 年，Barabási 和 Albert[2]在《科学》杂志上提出了网络无标度特性的概念，揭示了复杂网络研究的重要意义，掀起了复杂网络理论的研究热潮[3-5]。纵观大千世界，复杂网络随处可见，如互联网、社交网络、物联网、神经网络、智能电网、交通网络、传感器网络、空间信息网络等，这些都是日常生活中典型的复杂网络。因此，如何基于复杂网络理论的相关方法来研究各领域中的典型实际问题将是科学家面临的一个挑战性难题。

在复杂网络环境下，具有相同或者不同感知、通信能力的个体可以通过相互间简单的信息交互产生复杂的集群行为，我们通常称此类复杂网络为多智能体系统（multi-agent systems，MAS）。相比单个智能体，多智能体系统的协同作业使其可以完成更为复杂的任务。为了实现高精度、大范围的海洋环境监测，在美国海军研究实验室的资助下，美国普林斯顿大学 Leonard 将多个水下移动机器人通过无线网络连接起来，并对其设计协调控制算法，实现了单个机器人所无法完成的广泛覆盖和精准监测。由此可见，多智能体系统比单个智能体具有明显的优越性，如更为广阔的工作空间、更强大的适应力及更为卓越的作业能力等。这主要是因为多智能体系统的结构与功能比单个智能体更为复杂（自由度更多），且具有可以设计协同算法的内在潜力。

虽然多智能体系统相对单个智能体作业能力更强，但其分布式控制与稳定性分析更具挑战性。这种挑战性主要来自以下几方面。

（1）多智能体系统中智能体动力学复杂。这主要由以下两方面因素引起：多样性，即为了更好地完成作业任务，多智能体系统中往往存在不同类型的个体；多智能体系统的动态变化规律复杂，且会受到相邻个体的影响。

（2）多智能体系统的参数结构和工作环境复杂。在实际应用中，多智能体系统会受到外界扰动、参数不确定、运动学冗余等因素影响，这导致多智能体系统的动力学具有强非线性和强耦合性。

（3）多智能体系统的通信拓扑结构复杂。将多智能体系统中的个体视为节点，个体之间的信息交互视为连边，则其为典型的复杂动态网络。为满足实际应用需求，系统通信拓扑会比较复杂，可能存在联合连通、采样连通和动态切换等情况。

（4）多智能体系统的作业任务复杂。在实际应用中，多智能体系统不仅需要完成简单重复的工作，还要协作完成一些相对复杂的任务，且多智能体系统往往是多任务的，这就导致其作业任务较为复杂。

（5）多种复杂因素耦合。除去上述复杂因素，多智能体系统还可能存在传感器故障、数据处理困难、通信时延、输入受限等情况。此外，上述复杂因素还可能同时发生、相互影响，使其控制与稳定性分析变得更为困难。

近年来，随着计算机技术、网络技术的高速发展和复杂网络理论的深入研究，多智能体系统的研究已经成为复杂网络的研究热点，并引起了生物学、控制科学、计算机科学、社会学等领域广大研究者的兴趣。一方面是由于多智能体系统在众多领域的广泛应用，如传感器网络、移动机器人系统、无人机系统、水面无人艇系统、卫星系统等。另一方面是由于多智能体系统的优势，如独立的感知、决策和通信能力，分布式的控制方法，利益最大化的决策准则，更高的生存能力和更强的灵活性等。此外，在自然界中也存在着许多集群行为，如海底的鱼群、空中的鸟群、地上的蚁群、飞行的蜂群等。科学家试图去探索这些自然界生物集群行为的工作机制，并期望将其运用到实际系统中，为解决现实中多智能体系统的相关问题提供有价值的理论指导。因此，多智能体系统协调控制的研究大量涌现，并成为控制领域的一个重要研究方向。

多智能体系统的分布式协调控制（distributed coordinated control）是指在分布式控制协议的作用下，多个智能体通过相互协作来实现各种规则有序的集群行为。针对多智能体系统的分布式协调控制问题，科研人员已经取得了一些有意义的研究成果，并将其应用于智能机器人、无人飞行器、无人驾驶车辆和航天器等领域。可以看出，多智能体系统的分布式协调控制问题无处不在，不仅为人类社会的生活生产实践提供了有力的保障，而且进一步地推进了现代科学技术的高速发展。因此，多智能体系统分布式协调控制的研究不仅为探究复杂网络提供重要的理论指导，而且具有重大的实际意义。

1.2 多智能体系统协调控制的研究现状

通过对多智能体系统和网络化控制系统的研究背景及意义的介绍和分析，可以看出多智能体系统与网络化控制系统的相关问题是目前控制领域的重要研究课题，其在理论研究与实际应用等方面都取得了丰硕的研究成果。本书从多智能体系统的协调控制和网络化控制系统的性能极限与设计两条主线出发，系统地梳理本书涉及的相关热点问题的研究现状与进展。

随着计算机科学、控制科学、生物学、物理科学、统计学、社会学等领域的多学科交叉发展和对多智能体系统分布式协调控制需求的日益增长，人们越来越侧重研究如何确保每个智能体通过信息交互来协调合作完成各项实际任务的问题，这也反映了进一步探讨多智能体系统分布式协调控制问题的重要性及紧迫性。近些年来，有关多智能体系统的分布式协调控制问题已经取得了丰硕的成果。分布式协调控制理论可以为众多应用领域提供理论指导，如多移动机器人、飞行器群体、传感器网络、信息融合、分布式计算等，由此引起了国内外学者的广泛兴趣，并成为多智能体系统研究的一个热点问题。其中，一致性问题（consensus problem）是分布式协调控制中最基本的问题。一致性是指随着时间的推移，所有智能体在分布式控制协议的作用下，其状态随着时间演化最终都能趋近于相同的期望值。多智能体系统实现分布式协调控制的首要条件是多智能体系统达到一致。到目前为止，综合已有的文献，以实际问题为出发点，多智能体系统分布式协调控制的研究主要分为四个方面：①一致性（consensus）；②蜂拥控制（flocking control）；③编队控制（formation control）；④包含控制（containment control）。接下来，本节主要从以上四个方面对多智能体系统协调控制进行详细的介绍。

1.2.1 一致性

关于一致性理论的研究工作起始于 20 世纪 70 年代，1974 年，Degroot[6]首次利用一致性的思想去解决多个传感器的信息融合问题。此后，一致性问题的研究吸引了科研工作者广泛的关注。1987 年，Reynolds[7]基于对鸟群、鱼群集群行为的深入研究，提出了集群运动的基本模型（即 Boid 模型）及其应满足的三条规则，即聚集、分离和速度匹配。1995 年，Vicsek 等[8]借助数学工具来研究鸟群速度匹配的问题，设计了简单的离散模型（即 Vicsek 模型）来描述大量粒子在同一平面内的运动情况。假设 Vicsek 模型中所有智能体具有相同大小的速度，运动方向为其邻居智能体运动方向的平均值，且智能体速度更新的方向可以被定义为

$$\theta(t+1) = \arctan \frac{\langle \sin[\theta(t)] \rangle_r}{\langle \cos[\theta(t)] \rangle_r} + \Delta \theta \qquad (1.1)$$

式中，$\arctan \dfrac{\langle \sin[\theta(t)] \rangle_r}{\langle \cos[\theta(t)] \rangle_r}$ 表示 t 时刻所有智能体速度方向的平均值；$\Delta \theta$ 表示干扰噪声。可以看出，Vicsek 模型其实就是 Boid 模型的特例。基于此，2003 年，Jadbabaie 等[9]将不含干扰噪声项的简化 Vicsek 模型进行了线性化，利用代数图论和稳定性理论给出了一致性问题的理论证明，为后续多智能体系统集群行为的研究奠定了基础。文献[9]中，简化的 Vicsek 模型具有以下形式：

$$\langle \theta_i(t) \rangle_r = \frac{1}{1 + \mathcal{N}_i(t)} \left(\theta_i(t) + \sum_{j \in \mathcal{N}_i(t)} \theta_j(t) \right) \qquad (1.2)$$

式中，$\langle \theta_i(t) \rangle_r$ 表示 t 时刻智能体 i 及其邻居智能体速度方向的平均值；$\mathcal{N}_i(t)$ 表示 t 时刻智能体 i 的邻居数量。2004 年，Olfati-Saber 和 Murray[10]首次提出了一致性协议的概念，针对连续时间的多智能体系统模型，分别在无向图、有向图及固定的、切换的通信拓扑下研究了其一致性问题，得到了系统实现平均一致性的条件。自此以后，大量的学者致力于多智能体系统一致性问题的研究，针对各种不同的情况，得到了许多重要的结论，详细的研究进展可参考近年的专著与综述文献，这里不再详述。

我国学者在这方面也做出了许多有意义的工作，取得了丰富的研究成果。Li 等[11]提出了一个研究复杂网络同步与多智能体系统一致性的统一框架。Ni 和 Chen[12]基于领导者-跟随者方法研究了多智能体系统的一致性问题。Liu 和 Chen[13]研究了状态受限多智能体系统的一致性问题。Liu 等[14]研究了非线性多智能体系统的一致性问题。Tian 等[15]针对具有随机通信时延的网络，给出了一个基于一致性时间同步算法的统一结构模型。Meng 等[16]基于带宽有限的数字网络研究了具有不可测量状态的离散线性多智能体系统的状态观测和协同稳定性。Meng 和 Jia[17]研究了受到外部干扰的多车辆系统的多尺度协调控制问题，基于邻居交互规则设计了相应的鲁棒一致性算法。Fu 和 Wang[18]研究了一般线性多智能体系统的有限时间协调跟踪问题，提出了一般通信拓扑下基于观测器的控制框架。Tang 等[19]针对具有部分混合脉冲和未知时变时延的一类非线性随机多智能体系统研究了领导者-跟随者一致性问题。Cao 等[20]研究了无向拓扑下的二阶多智能体系统的一致性问题，定义了信息交互连边触发事件机制，提出了基于采样数据和连边时间触发的一致协议。Li 等[21]研究了基于事件触发的异步采样的二阶多智能体系统的领导者-跟随者一致性问题，设计了相应的分布式事件触发方案，保证整个网络系统的渐近稳定性。

然而，通过研究发现实际复杂网络里的智能体之间有合作也有竞争，这意味着存在另类的"一致",即这些智能体会被分成两组,并最后收敛到模值一样但符号相反的状态,称作二部一致性(bipartite consensus)。在二部一致性问题中,用符号图描述不同组个体间的联系是负权重,描述同组个体间的联系是正权重,因此相关邻接矩阵的元素有 0,有正值,还有负值,使得非负权重的拉普拉斯矩阵及相关结论难以适用。基于此,2012 年,Altafini[22]首次提出了一种运用于符号网络中的二部一致性协议,在符号图强连通且结构平衡的条件下,借助规范变换可以实现该多智能体系统的二部一致性,以此证明了二部一致性与符号网络的结构平衡性有密切关系。此后,二部一致性这个热点吸引了各国学者的研究兴趣,并根据不同实际情况进一步研究二部一致性问题。

2015 年,Meng 等[23]基于符号图知识,在有限时间里分析了多智能体系统的二部一致性。该符号图的边权重不仅可以为正,而且可以为负。首先提出一种非线性一致性策略,使该系统在有限时间里实现一致性。如果该符号图是结构平衡的,那么各个多智能体的最终状态的数值大小相同,但符号不同。反之,若结构不平衡,则这些多智能体最后都收敛为零。而且,关于符号平均值,可以统一提供多智能体最终一致性状态,该符号平均值取决于多智能体的初始状态和整个系统的拓扑结构。2016 年,Qin 等[24]在有向通信拓扑下基于输入饱和实现同质多智能体系统的二部一致性。研究结果表明,如果所有智能体都可以用有界渐近零控制,符号有向图所描述的交互拓扑是结构平衡的并且有一个生成树,那么能通过线性反馈控制器实现多智能体系统的半局二部一致性,其控制增益是通过低增益反馈技术设计的。2018 年,Zhu 等[25]在量化通信下实现了一阶和二阶多智能体积分器的二部一致性。利用不光滑分析和微分包含的思想,证明了在连通和结构平衡的拓扑图下,对于任何对数量化精度,可以保证所有智能体渐近达到二部一致性,并且在连通和结构不平衡的拓扑图下,该系统最后渐近收敛为零。2019 年,Duan 等[26]考虑了一组具有合作竞争关系的异质智能体。首先,他们通过一种新颖分布式动态触发观测器来观测领导者的状态。为了避免连续验证动态触发条件,提出一种监控方案,降低了通信成本。接着,他们通过状态反馈与输出反馈控制算法来实现异质多智能体系统的二部输出一致性。另外,他们详细分析了如何选择动态事件触发条件及参数。

1.2.2 蜂拥控制

多智能体系统的蜂拥控制是指在分布式协议下,所有智能体的速度值达到一致,智能体之间的距离趋于稳定的期望值,且智能体与智能体之间没有发生碰撞。蜂拥控制问题的定义是根据 Reynolds 模型所满足的三条规则提出的。目前,有关蜂拥控制的相关研究主要包含三方面:①考虑满足所有 Reynolds 模型规则的蜂拥控制；②仅考虑聚集和速度匹配规则的蜂拥控制；③其他蜂拥控制问题，即根据不同复杂任务的需求，在三条 Reynolds 模型规则中加入新规则的蜂拥控制。

目前，关于蜂拥控制问题的研究已经提出了许多有针对性的系统模型。2006 年，Shi 等[27]讨论了一组移动自治智能体的群集动力学行为，设计了具有吸引力、排斥力和速度匹配项的协调控制协议，实现了虚拟领导者下期望的多移动智能体蜂拥控制，即所有智能体的速度渐近地趋近于期望速度且智能体之间没有碰撞发生。此外还考虑了白噪声对蜂拥控制问题的影响。2006 年，Olfati-Saber[28]针对分布式蜂拥控制设计与分析问题，提出了一个理论框架，并结合人工势能函数和一致性理论的方法解决了满足三条 Reynolds 模型规则的蜂拥控制问题。文献[28]中，第 i 个智能体满足如下二阶动力学方程：

$$\begin{cases} \dot{q}_i = p_i \\ \dot{p}_i = u_i \end{cases} \tag{1.3}$$

式中，q_i、p_i、u_i 分别表示智能体 i 的位置信息、速度信息和控制输入信息。采用了如下的分布式控制协议：

$$u_i = f_i^g + f_i^d + f_i^\gamma \tag{1.4}$$

式中，$f_i^g = -\nabla q_i V(q)$ 表示梯度项；f_i^d 表示速度一致项；f_i^γ 表示引导反馈项。但是，通过数值仿真得出的所有智能体最终收敛速度与领导者的速度不相等。

针对此种情况，2009 年，Su 等[29]改进了由 Olfati-Saber 提出的蜂拥控制算法，分别讨论了仅有部分智能体具有引导信息和单个变速度虚拟领导者情况下的蜂拥控制问题，得到了精确的收敛速度，使得所有智能体的速度最终精确地等于虚拟领导者的速度。Su 等[30]进一步探讨了多个虚拟领导者的蜂拥控制问题，提出了分布式的蜂拥控制协议，得到了所有智能体实现跟踪变速度虚拟领导者的充分条件，并证明了所有智能体中心点处的状态信息（即位置、速度信息）指数收敛于所有虚拟领导者加权中心处的状态。2007 年，Tanner 等[31]研究了二阶多智能体系统（1.3）的蜂拥控制问题，分别考虑了固定拓扑和切换拓扑两种情况，基于势函数设计了蜂拥控制协议，通过微分包含理论和非光滑分析方法证明了多智能体系统蜂拥控制的稳定性。2013 年，陈世明等[32]基于层次聚类方法划分了若干多智能体社团，研究了二阶多智能体系统社团连通性保持的蜂拥控制问题，设计了一个评估社团节点重要程度的算法，选出了每一个社团里的信息智能体，在始终保持社团连通性的前提下实现了多智能体系统的蜂拥控制。2015 年，Jia 和 Wang[33]研究了具有非完整约束多机器鱼系统的领导者-跟随者蜂拥控制问题，提出了含有势能函数和一致性算法的控制协议，利用 LaSalle-Krasovskii 不变性原理，推导出了系统满足三条 Reynolds 模型规则的充分条件。2015 年，陈世明等[34]研究了二阶多智能体系统的快速蜂拥控制问题，通过借助拓扑结构优化理论，设计了基于邻居智能体交互信息的蜂拥控制协议，有效地提高了多智能体系统实现蜂拥控制的收敛速率。2016 年，张青等[35]考虑了未知参数和通信时滞条件下多智能体系统的蜂拥控制问题，提出了一种分布式的参数自适应控制协议，借助代数图论和李雅普诺夫稳定性的相关知识，得到了确保多智能体系统有效地实现蜂拥控制的充分条件。

1.2.3 编队控制

多智能体系统的编队控制是指随着时间的演化，多个智能体在合适的控制协议作用下能够形成并保持期望的几何结构（即编队队形），以满足实际任务（如避障、侦察、搜寻等）的需求。近年来，由于强大的应用背景和重要的实际价值，编队控制问题已经受到国内外许多著名科研团队与学者的广泛关注和深入研究。综合已有文献，关于编队控制的研究方法主要包括：①领导者跟随法；②虚拟结构法；③基于行为法；④基于图论法。编队控制主要的研究内容包括：①编队队形生成；②编队队形保持；③编队队形切换；④编队避障。

2007 年，Porfiri 等[36]研究了在可测量的向量场空间里一组移动智能体的跟踪与编队控制问题，为了估计虚拟领导者的状态信息，考虑了双层次的一致性算法，即第一层次使所有智能体与虚拟领导者的状态达到一致，第二层次使所有智能体与虚拟领导者实现编队控制。2008 年，王佳等[37]研究了基于人工势能函数的多智能体系统编队避障问题，利用智能体位置信息构造了势能函数，设计了移动障碍物下的状态反馈策略，使得所有智能体可以形成并保持期望的队形来有效地躲避障碍物，最终安全地到达目的地。2010 年，Lin 和 Jia[38]针对二阶多智能体系统探讨了旋转编队控制问题，首先基于局部相对信息设计了分布式控制协议，得到了系统实现旋转一致性的充分必要条件，然后利用复杂系统李雅普诺夫稳定系理论，推导出使得所有智能体完成圆形旋转编队的充分条件。2012 年，张顺和杨洪勇[39]研究了单一虚拟领导者下二阶时延多智能体系统的编队一致性问题，基于构造的 Lyapunov-Krasovskii 泛函和线性矩阵不等式方法得到了系统实现编队一致性时自由权矩阵所满足的条件，并分析了通信时延因素对多智能体系统编队一致性控制问题的影响。2013 年，罗小元等[40]分别探讨了固定和切换拓扑下的离散多智能体系统编队控制问题，设计了基于二阶领导者-跟随者采样系统模型的控制协议，引入了描述实际状态与期望参考状态之间偏差的误差变量，通过双线性变换法得到了保证误差变量趋近于零的条件，即多智能体系统实现编队控制时采样间隔 T 应满足的条件。2015 年，Rezaee 和 Abdollahi[41]基于一致性理论研究了二阶多智能体系统的循环追踪编队问题，引入了一个循环矩阵，设计了控制追踪方向和角速度的分布式协议，在运动学方面实现了围绕正多边形几何中心的循环追踪编队控制，在动力学方面完成了围绕追踪中心的一致性控制。2016 年，Kang 和 Ahn[42] 讨论了动态领导者下自适应编队控制的设计与实现问题，利用局部相对位置信息设计了控制协议，基于图理论和非线性控制理论的知识得到了一些多智能体系统实现期望编队控制的充分条件，并通过归纳法有效地将所得结果进一步拓展到 N 个智能体的情形。

总之，近十年来，众多的学者致力于多智能体系统编队控制问题的研究，针对不同的实际应用情况，得到了许多有价值的结论，详细的研究进展可以参考最近国内外相关的研究综述。

1.2.4　包含控制

目前，关于多智能体系统分布式协调控制问题的研究主要集中在无领导者或者单个领导者问题上。但是，在多智能体系统的实际应用中，由于多个不同复杂任务的需求，往往需要多个领导者共同来完成系统的协调控制任务。因此，对于存在多个领导者的协调控制，多智能体系统的包含控制问题涌现出来。包含控制是指在具有多个领导者的多智能体系统中，通过设计分布式控制协议使得所有跟随者能够最终进入并保持由领导者所形成的凸包（即特定的封闭几何空间区域）中运动。我们称少数装载传感器的机器人为领导者，其可以通过传感器来检测未知环境中的危险障碍物，而称其他没有配备传感器的机器人为跟随者。基于传感器探测的障碍物信息，领导者能够形成一个移动的安全区域，并且在控制协议的作用下，所有跟随者通过信息交互进入此安全区域内并跟随领导者一起运动，最终顺利地到达指定目的地。

2006 年，Ferrari-Trecate 等[43]针对自治的移动机器人系统，提出了一种基于 stop-go 策略的混杂控制协议，使得所有跟随者机器人能够进入由领导者构成的凸多面体内并到达指定的目标位置。接着，他们在 2008 年研究了多移动机器人系统的包含控制问题，根据偏差分方程理论和混杂控制理论的知识，提出了一种基于 stop-go 策略的分布式协议，驱使所有跟随者在运输过程中完成了包含控制任务，有序地到达预先给定的目的地。2010 年，Cao 等[44]研究了二阶积分器模型的分布式包含控制问题，考虑了静态领导者和动态领导者两种情况，基于李雅普诺夫稳定性理论分别推导出实现包含控制时网络拓扑结构及控制增益应满足的条件，其中，在动态领导者情况下依次讨论了领导者速度相等和不相等时实现包含控制的充分条件。2012 年，Lou 和 Hong[45]探讨了随机切换拓扑下二阶多智能体系统的包含控制问题，其中将智能体之间的通信拓扑描述为连续时间不可约的马尔可夫链，基于凸分析理论和随机过程方法分析了多领导者控制问题的稳定性，得到了静态领导者下实现包含控制的充分必要条件，此外，还推导了一些动态领导者下凸目标集跟踪估计的条件。2012 年，Li 等[46]讨论了具有二阶积分器模型的多车辆系统的包含控制问题，考虑了领导者和跟随者的速度、加速度都不可测的限制条件，只利用位置测量信息设计了两个分布式控制算法，通过选择合适的控制器参数实现了分布式包含控制，其中，第一个算法不需要假设领导者的速度是相等的，且保证了有限时间收敛，第二个算法不需要知道领导者加速度的界。于镐和伍清河[47]针对具有非线性干扰项的二阶有向网络，提出了一种分层控制结构，在跟随者速度信息不可获取的情况下分别设计了基于滑模和幂次估计器的非光滑控制协议，利用齐次理论和有限时间稳定性理论分析了该网络系统完成有限时间鲁棒包容控制的稳定性及抗干扰性。2013 年，王寅秋等[48]针对高阶有向积分器网络，在静态和动态领导者的情况下分别提出了不同的分布式协议，一个是基于相对位置信息设计了线性静态包含控制协议，另一个是设计了含有符号函数的非线性动态包含控制协议；借助拉普拉斯变换法和终值定理的相关知识，分别得到了高阶积分器网络实现静态和动态包含控制的充分条件。Li 等[49]研究了具有一般线性动力学多智能体系统的分布式包含控制问题，在有向通信拓扑下分别讨论了连续时间和离散时间的情况，基于线性矩阵不等式和矩阵理论分别推导出连续、离散多智能体系统实现静态和动态包含控制的充分条件。2014 年，Li 等[50]研究了二阶多智能体系统的脉冲包含控制问题，提出了一种基于采样位置和速度数据的脉冲控制协议，运用代数图论和矩阵理论的知识，分别推导出有向通信拓扑下实现静态和动态脉冲包含控制的充分条件。2015 年，Zhao 和 Duan[51]针对具有未知有界加速度输入的二阶多智能体系统，在不依赖速度和加速度测量信息的条件下，提出了一种分布式有限时间控制协议，基于李雅普诺夫函数和有限时间控制理论证明了在有限的时间内系统可以实现包含控制。2016 年，Song 等[52]基于 M 矩阵性质、代数图理论和李雅普诺夫泛函法，实现了具有输入饱和项的二阶多智能体系统的全局与半全局包含控制问题。

此外，在现实生活中，包含控制不仅减小了能量的损耗，还有效地提高了工作效率。目前包含控制中，智能体间都是合作关系。但是，在现实网络中，智能体之间既可以合作也可以竞争。因此，用符号图表示它们之间的联系，即邻接矩阵的正元素表示合作关系，负元素表示竞争关系。我们称作二部包含控制（bipartite containment control）。在实际应用中，多机器人护航运动就是二部包含控制应用的一个典型例子。一部分探测能力强的机器人（看作领导者）组成一个凸包，从而另一部分与领导者合作的机器人（看作跟随者）进入该凸包内，与领导者竞争的机器人（看作跟随者）进入该相反凸包内，它们随着凸包的运动通过危险区域到达目的地。

2017 年，Meng[53]首次针对带权重符号图并且符号图强连通的多智能体系统，在多个领导者可以发生交互动态变化的条件下，定义了双边包含控制的概念，提出了一种分布式双边包含控制协议，根据渐近稳定性理论和拉普拉斯矩阵理论，得到了系统收敛时的约束条件，研究表明双边包含控制问题是包含控制问题在符号通信拓扑下的推广。2018 年，Zuo 等[54]针对在合作-竞争沟通拓扑下的一般线性异构系统，基于全状态反馈、静态输出反馈和动态输出反馈分别构造了三种不同的控制协议，设计了反馈增益使闭环系统矩阵稳定，设计了前馈增益使闭环系统的轨迹进入输出包含误差为零的空间内，结果表明多智能体系统在相应的控制算法下皆可以实现双边包含控制。2019 年，Meng 和 Gao[55]针对合作-竞争时变拓扑下的高阶多智能体系统，通过设计新的模型转换使原系统等价地转化为时变增广系统，特别是随机矩阵的非负矩阵用来分析时变增广系统的收敛性，最后给出了完全依赖拓扑结构的充分条件以实现多智能体系统的双边包含控制。2021 年，Zhu 等[56]针对有向图中含多个动态领导者的线性奇异多智能体系统，其中每个领导者可以随相邻领导者的变化而变化，根据符号图中的拉普拉斯矩阵的一些性质，利用不同的输出信息提出了三种基于分布式观测器的双边包容协议，构建了相应协议的多步算法，使得双边包含控制在弱连通的符号图中以任意初始状态都可以成立。即无论沟通拓扑符号对称或者不对称，结构平衡或者不平衡，此结果都对任意弱连通符号图成立。

以上简要概述了近年来多智能体系统协调控制的主要研究成果及研究方法，其中部分内容将在以后章节中进行详细介绍，对于其他研究成果，读者可以根据书中参考文献进行查阅。

1.3　本书的主要内容

本书介绍国内外学者近年来研究多智能体系统协调控制方面的成果。本书的内容共分 11 章进行论述。

第 1 章简要地介绍多智能体系统与网络化控制系统的研究背景和意义，阐述多智能体系统协调控制与网络化控制系统性能分析的国内外研究现状，并概述本书的主要研究内容。

第 2 章介绍本书中用到的一些基本概念和基础数学知识，为后续章节奠定基础。

第 3 章介绍线性多智能体系统的分布式有限时间编队跟踪控制问题。内容包括：基于快速终端滑模控制方法，分别在领导者控制输入等于 0 和不等于 0 的情况下，研究有限时间的编队跟踪控制问题；讨论二阶线性多智能体系统达到分布式有限时间编队跟踪控制时所需要满足的充分条件。

第 4 章介绍非线性领导者-跟随者多智能体系统的多编队控制问题。内容包括：固定和切换通信拓扑情况下的分布式多编队控制；推导非线性领导者-跟随者多智能体系统完成并保持多编队控制的充分条件。

第 5 章介绍二阶多智能体系统的包含控制问题。内容包括：基于邻居智能体局部状态信息的静态包含控制；基于采样位置数据的动态包含控制；实现静态包含控制和动态包含控制时增益参数和采样周期满足的条件。

第 6 章介绍基于干扰观测器的多智能体系统包含控制问题。内容包括：基于干扰观测器和邻居智能体相对状态信息的状态反馈包含控制；基于干扰观测器和状态观测器的输出反馈包含控制；讨论多智能体系统分别实现状态反馈包含控制和输出反馈包含控制的充分条件。

第 7 章介绍二阶多智能体系统的分布式编队包含控制问题。内容包括：固定通信拓扑下多智能体系统实现编队包含控制的条件；分析多智能体系统在切换通信拓扑下完成编队包含控制的条件。

第 8 章介绍基于输出调节法的异质多智能体系统输出一致性问题。内容包括：基于状态反馈控制方法的异质多智能体系统输出一致性；基于状态观测器和输出反馈控制方法的异质多智能体系统输出一致性；讨论异质多智能体系统分别实现带状态反馈的输出一致性和带输出反馈的输出一致性的充分条件。

第 9 章介绍基于扰动的多智能体系统固定时间二部一致性问题。内容包括：有扰动下多智能体系统的固定时间二部一致性；无扰动下多智能体系统的固定时间二部一致性；讨论多智能体系统分别在有扰动和无扰动情况下实现固定时间二部一致性的充分条件。

第 10 章介绍基于扰动的异质多智能体系统二部输出一致性问题。内容包括：基于状态反馈控制方法的异质多智能体系统二部输出一致性；基于状态观测器和输出反馈控制方法的异质多智能体系统二部输出一致性；讨论异质多智能体系统分别实现带状态反馈的二部输出一致性和带输出反馈的二部输出一致性的充分条件。

第 11 章介绍基于输出调节法的异质多智能体系统二部输出一致性问题。内容包括：基于输出调节法的异质多智能体系统带状态反馈的二部输出一致性；基于输出调节法的异质多智能体系统带输出反馈的二部输出一致性；讨论基于输出调节法异质多智能体系统分别实现带状态反馈的二部输出一致性和带输出反馈的二部输出一致性的充分条件。

参 考 文 献

[1] Watts D J，Strogatz S H. Collective dynamics of 'small-world' networks[J]. Nature，1998，393（6684）：440-442.

[2] Barabási A L，Albert R. Emergence of scaling in random networks[J]. Science，1999，286（5439）：509-512.

[3] Strogatz S H. Exploring complex networks[J]. Nature，2001，410（6825）：268-276.

[4] Newman M E J. The structure and function of complex networks[J]. SIAM Review，2003，45（2）：167-256.

[5] 汪小帆，李翔，陈关荣. 复杂网络理论及其应用[M]. 北京：清华大学出版社，2006.

[6]　Degroot M H. Reaching a consensus[J]. Journal of the American Statistical Association，1974，69（345）：118-121.

[7]　Reynolds C W. Flocks，herds，and schools：A distributed behavioral model[J]. ACM SIGGRAPH Computer Graphics，1987，21（4）：25-34.

[8]　Vicsek T，Czirók A，Ben-Jacob E，et al. Novel type of phase transition in a system of self-driven particles[J]. Physical Review Letters，1995，75（6）：1226-1229.

[9]　Jadbabaie A，Lin J，Morse A S. Coordination of groups of mobile autonomous agents using nearest neighbor rules[J]. IEEE Transactions on Automatic Control，2003，48（6）：988-1001.

[10]　Olfati-Saber R，Murray R M. Consensus problems in networks of agents with switching topology and time-delays[J]. IEEE Transactions on Automatic Control，2004，49（9）：1520-1533.

[11]　Li Z K，Duan Z S，Chen G R，et al. Consensus of multiagent systems and synchronization of complex networks：A unified viewpoint[J]. IEEE Transactions on Circuits and Systems I：Regular Papers，2010，57（1）：213-224.

[12]　Ni W，Chen D Z. Leader-following consensus of multi-agent systems under fixed and switching topologies[J]. Systems and Control Letters，2010，59（3）：209-217.

[13]　Liu Z X，Chen Z Q. Discarded consensus of network of agents with state constraint[J]. IEEE Transactions on Automatic Control，2012，57（11）：2869-2877.

[14]　Liu K，Xie G，Ren W，et al. Consensus for multi-agent systems with inherent nonlinear dynamics under directed topologies[J]. Systems and Control Letters，2013，62（2）：152-162.

[15]　Tian Y P，Zong S，Cao Q. Structural modeling and convergence analysis of consensus-based time synchronization algorithms over networks：Non-topological conditions[J]. Automatica，2016，65：64-75.

[16]　Meng Y，Li T，Zhang J F. Coordination over multi-agent networks with unmeasurable states and finite-level quantization[J]. IEEE Transactions on Automatic Control，2016，DOI：10.1109/TAC.2016.2627179.

[17]　Meng D Y，Jia Y M. Robust consensus algorithms for multiscale coordination control of multivehicle systems with disturbances[J]. IEEE Transactions on Industrial Electronics，2016，63（2）：1107-1119.

[18]　Fu J，Wang J. Observer-based finite-time coordinated tracking for general linear multi-agent systems[J]. Automatica，2016，66：231-237.

[19]　Tang Y，Gao H J，Zhang W，et al. Leader-following consensus of a class of stochastic delayed multi-agent systems with partial mixed impulses[J]. Automatica，2015，53：346-354.

[20]　Cao M，Xiao F，Wang L. Event-based second-order consensus control for multi-agent systems via synchronous periodic event detection[J]. IEEE Transactions on Automatic Control，2015，60（9）：2452-2457.

[21]　Li H Q，Liao X F，Huang T，et al. Event-triggering sampling based leader-following consensus in second-order multi-agent systems[J]. IEEE Transactions on Automatic Control，2015，60（7）：1998-2003.

[22]　Altafini C. Consensus problems on networks with antagonistic interactions[J]. IEEE Transactions on Automatic Control，2012，58（4）：935-946.

[23]　Meng D，Jia Y，Du J. Nonlinear finite-time bipartite consensus protocol for multi-agent systems associated with signed graphs[J]. International Journal of Control，2015，88（10）：2074-2085.

[24]　Qin J，Fu W，Zheng W X，et al. On the bipartite consensus for generic linear multiagent systems with input saturation[J]. IEEE Transactions on Cybernetics，2016，47（8）：1948-1958.

[25]　Zhu Y，Li S，Ma J，et al. Bipartite consensus in networks of agents with antagonistic interactions and quantization[J]. IEEE Transactions on Circuits and Systems-II：Express Briefs，2018，65（12）：2012-2016.

[26]　Duan J，Zhang H，Liang Y，et al. Bipartite finite-time output consensus of heterogeneous multi-agent systems by finite-time event-triggered observer[J]. Neurocomputing，2019，365：86-93.

[27] Shi H，Wang L，Chu T. Virtual leader approach to coordinated control of multiple mobile agents with asymmetric interactions[J]. Physica D：Nonlinear Phenomena，2006，213（1）：51-65.

[28] Olfati-Saber R. Flocking for multi-agent dynamic systems：Algorithms and theory[J]. IEEE Transactions on Automatic Control，2006，51（3）：401-420.

[29] Su H，Wang X，Lin Z. Flocking of multi-agents with a virtual leader[J]. IEEE Transactions on Automatic Control，2009，54（2）：293-307.

[30] Su H，Wang X，Yang W. Flocking in multi-agent systems with multiple virtual leaders[J]. Asian Journal of Control，2008，10（2）：238-245.

[31] Tanner H G，Jadbabaie A，Pappas G J. Flocking in fixed and switching networks[J]. IEEE Transactions on Automatic Control，2007，52（5）：863-868.

[32] 陈世明，李慧敏，谢竟，等. 基于社团划分的多智能体蜂拥控制算法[J]. 信息与控制, 2013, 42（5）：536-541.

[33] Jia Y，Wang L. Leader-follower flocking of multiple robotic fish[J]. IEEE/ASME Transactions on Mechatronics，2015，20（3）：1372-1383.

[34] 陈世明，化俞新，祝振敏，等. 邻域交互结构优化的多智能体快速蜂拥控制算法[J]. 自动化学报，2015，41（12）：2092-2099.

[35] 张青，李萍，杨正全，等. 带有未知参数和通讯时延的多智能体蜂拥控制[J]. 哈尔滨工程大学学报，2016，37（5）：696-700.

[36] Porfiri M，Roberson D G，Stilwell D J. Tracking and formation control of multiple autonomous agents：A two-level consensus approach[J]. Automatica，2007，43（8）：1318-1328.

[37] 王佳，吴晓蓓，徐志良. 一种基于势能函数的多智能体编队控制新方法[J]. 信息与控制,2008,37(3):263-268.

[38] Lin P，Jia Y. Distributed rotating formation control of multi-agent systems[J]. Systems and Control Letters，2010，59（10）：587-595.

[39] 张顺，杨洪勇. 有单一虚拟领导者的时延编队一致性[J]. 复杂系统与复杂性科学，2012，9（1）：41-46.

[40] 罗小元，李旭，李绍宝，等. 分布式离散多智能体系统在固定和切换拓扑下的编队控制[J]. 控制与决策，2013，28（12）：1869-1873.

[41] Rezaee H，Abdollahi F. Pursuit formation of double-integrator dynamics using consensus control approach[J]. IEEE Transactions on Industrial Electronics，2015，62（7）：4249-4256.

[42] Kang S M，Ahn H S. Design and realization of distributed adaptive formation control law for multi-agent systems with moving leader[J]. IEEE Transactions on Industrial Electronics，2016，63（2）：1268-1279.

[43] Ferrari-Trecate G，Egerstedt M，Buffa A，et al. Laplacian sheep：A hybrid，stop-go policy for leader-based containment control[C]. International Workshop on Hybrid Systems：Computation and Control，Berlin，2006：212-226.

[44] Cao Y，Stuart D，Ren W，et al. Distributed containment control for double-integrator dynamics：Algorithms and experiments[C]. American Control Conference，Baltimore，2010：3830-3835.

[45] Lou Y，Hong Y. Target containment control of multi-agent systems with random switching interconnection topologies[J]. Automatica，2012，48（5）：879-885.

[46] Li J，Ren W，Xu S. Distributed containment control with multiple dynamic leaders for double-integrator dynamics using only position measurements[J]. IEEE Transactions on Automatic Control，2012，57（6）：1553-1559.

[47] 于镝，伍清河. 二阶有向网络的鲁棒有限时间包容控制[J]. 控制与决策，2012，27（10）：1465-1470.

[48] 王寅秋，伍清河，王垚. 高阶有向积分器网络的包含控制[J]. 控制与决策，2013，28（8）：1195-1199.

[49] Li Z，Ren W，Liu X，et al. Distributed containment control of multi-agent systems with general linear dynamics in

the presence of multiple leaders[J]. International Journal of Robust and Nonlinear Control，2013，23（5）：534-547.

[50]　Li J，Guan Z H，Liao R Q，et al. Impulsive containment control for second-order networked multi-agent systems with sampled information[J]. Nonlinear Analysis：Hybrid Systems，2014，12：93-103.

[51]　Zhao Y，Duan Z. Finite-time containment control without velocity and acceleration measurements[J]. Nonlinear Dynamics，2015，82（1/2）：259-268.

[52]　Song Q，Liu F，Su H，et al. Semi-global and global containment control of multi-agent systems with second-order dynamics and input saturation[J]. International Journal of Robust and Nonlinear Control，2016，26（16）：3460-3480.

[53]　Meng D. Bipartite containment tracking of signed networks[J]. Automatica，2017，79：282-289.

[54]　Zuo S，Song Y，Frank L L，et al. Bipartite output containment of general linear heterogeneous multi-agent systems on signed digraphs[J]. IET Control Theory and Application，2018，12（9）：1180-1188.

[55]　Meng X，Gao H. High-order bipartite containment control in multi-agent systems over time-varying cooperation-competition networks[J]. Neurocomputing，2019，359：509-516.

[56]　Zhu Z H，Hu B，Guan Z H，et al. Observer-based bipartite containment control for singular multi-agent systems over signed digraphs[J]. IEEE Transactions on Circuits and Systems-I：Regular Papers，2021，68（1）：444-457.

第 2 章　基本概念与知识

本章介绍后续章节证明所需的基本概念和相关结论，内容包括：代数图论的基本概念和性质；稳定性的基本概念和结论；其他相关概念和结论。

2.1　代数图论的基本概念和性质

图论是一个重要的研究多智能体系统的工具[1]。如果将多智能体系统中的智能体视为节点，智能体之间的信息交互视为连边，则多智能体系统可以用代数图来描述。例如，可采用有向图（directed graph）$\mathcal{G} = (\mathcal{V}, \mathcal{E}, \mathcal{A})$ 来描述多智能体系统，其中 $\mathcal{V} = \{1, 2, \cdots, n\}$ 表示节点集合，$\mathcal{E} \subseteq \mathcal{V} \times \mathcal{V}$ 表示边集合，加权邻接矩阵 $\mathcal{A}$ 为

$$\mathcal{A} = \begin{pmatrix} a_{11} & a_{12} & \cdots & a_{1n} \\ a_{21} & a_{22} & \cdots & a_{2n} \\ \vdots & \vdots & & \vdots \\ a_{n1} & a_{n2} & \cdots & a_{nn} \end{pmatrix} \in \mathbb{R}^{n \times n}$$

设 $\{j, i\}$ 为由节点 j 指向节点 i 的连边，那么 $\{j, i\} \in \mathcal{E}$ 表示节点 i 能够直接获取节点 j 的相关信息。节点 i 与 j 之间的权重 a_{ij} 定义如下：

$$a_{ij} = \begin{cases} 1, & \{j, i\} \in \mathcal{E} \\ 0, & \text{其他} \end{cases}$$

此外，本书中所考虑的有向图 $\mathcal{G}$ 不存在自耦合（self-loop），即 $a_{ii} = 0$，$\forall i \in \mathcal{V}$。节点 i 的邻居节点集合 $\mathcal{N}_i$ 定义为

$$\mathcal{N}_i = \{j \in \mathcal{V} \mid \{j, i\} \in \mathcal{E}\}$$

有向图 $\mathcal{G}$ 的有向路径是一组有序的首尾相连的连边，如从节点 i 通往节点 j 的有向路径表示为 $\{i, i_1\}, \{i_1, i_2\}, \cdots, \{i_k, j\}$。如果有向图 $\mathcal{G}$ 中有一个根节点，除根节点以外的其他节点均有且仅有一个父节点，且根节点到有向图的其他节点都有且只有一条从它出发的有向路径，则这个有向图 $\mathcal{G}$ 称为有向树。有向图 $\mathcal{G}$ 含有有向生成树，是指其子图中存在包含所有节点的有向树，即有向图是连通的。

图 $\mathcal{G}$ 称为对称的（symmetric）或者无向的（undirected）当且仅当

$$\{j, i\} \in \mathcal{E} \Leftrightarrow \{i, j\} \in \mathcal{E} \Leftrightarrow a_{ij} = a_{ji}, \quad \forall i, j \in \mathcal{V}$$

定义节点 i 的入度为

$$\deg_i \triangleq \sum_{j=1}^{n} a_{ij}$$

图 $\mathcal{G}$ 的入度矩阵为

$$\mathcal{D} \triangleq \begin{pmatrix} \deg_1 & 0 & \cdots & 0 \\ 0 & \deg_2 & \cdots & 0 \\ \vdots & \vdots & & \vdots \\ 0 & 0 & \cdots & \deg_n \end{pmatrix} \in \mathbb{R}^{n \times n}$$

拉普拉斯矩阵是代数图论中一个重要的概念。图 $\mathcal{G}$ 的拉普拉斯矩阵定义为 $\mathcal{L} \triangleq \mathcal{D} - \mathcal{A} = [l_{ij}]_{n \times n}$，即

$$\mathcal{L} = \begin{pmatrix} l_{11} & l_{12} & \cdots & l_{1n} \\ l_{21} & l_{22} & \cdots & l_{2n} \\ \vdots & \vdots & & \vdots \\ l_{n1} & l_{n2} & \cdots & l_{nn} \end{pmatrix} \in \mathbb{R}^{n \times n}$$

式中

$$l_{ij} = \begin{cases} -a_{ij}, & j \neq i \\ \displaystyle\sum_{j=1}^{n} a_{ij}, & j = i \end{cases}$$

有向图的拉普拉斯矩阵 $\mathcal{L}$ 具有下列性质。

性质 2.1[2]　0 是矩阵 $\mathcal{L}$ 的一个特征值，$\mathbf{1}_n$ 是相应的右特征向量，其他所有非零特征值都具有正实部。

性质 2.2[2]　矩阵 $\mathcal{L}$ 有唯一的零特征值并且其余的特征值都具有正实部当且仅当图 $\mathcal{G}$ 含有有向生成树。

对于无向图来说，因为拉普拉斯矩阵 $\mathcal{L}$ 是对称阵，容易得到下列性质。

性质 2.3[2]　0 是矩阵 $\mathcal{L}$ 的一个特征值，$\mathbf{1}_n$ 是相应的右特征向量和左特征向量，其他所有非零特征值都是正实数。

性质 2.4[2]　矩阵 $\mathcal{L}$ 有唯一的零特征值并且其余的特征值都是正数当且仅当 $\mathcal{G}$ 是连通的。

在有些问题中，多智能体系统存在一个共有的目标，即领导者。本书领导者被标记为节点 0。

如果多智能体系统含有一个领导者，一致性问题变为领导者-跟随问题。假定一个多智能体系统含有 n 个跟随者和一个领导者，其中，跟随者用 $1, 2, \cdots, n$ 来表示，领导者用 0 来表示。用图 $\bar{\mathcal{G}}$ 来描述由 n 个跟随者和 1 个领导者构成的多智能体系统的通信拓扑图，显然图 $\bar{\mathcal{G}}$ 包含 n 个跟随者之间的通信拓扑图 $\mathcal{G}$ 和从领导者到跟随者的通信拓扑图两部分。令 $B = \mathrm{diag}(b_1, b_2, \cdots, b_N)$ 表示领导者的邻接矩阵，其中，

若领导者是跟随者 i 的邻居，则 $b_i > 0$；否则 $b_i = 0$。在有向图 $\bar{\mathcal{G}}$ 中，如果对于图 $\mathcal{G}$ 中每一个跟随者而言，领导者 0 到其都存在一条有向路径，我们称领导者 0 在图 $\bar{\mathcal{G}}$ 是全局可达的。令 $\bar{\mathcal{L}} = \mathcal{L} + B$，则矩阵 $\bar{\mathcal{L}}$ 具有以下性质。

性质 2.5[3]　矩阵 $\bar{\mathcal{L}}$ 所有的特征值都具有正实部当且仅当领导者 0 在图 $\bar{\mathcal{G}}$ 中是全局可达的。特别地，当图 $\mathcal{G}$ 是无向图时，矩阵 $\bar{\mathcal{L}}$ 是正定的当且仅当领导者 0 在图 $\bar{\mathcal{G}}$ 中是全局可达的。

性质 2.6[3]　如果图 $\mathcal{G}$ 是平衡图，那么矩阵 $\bar{\mathcal{L}} + \bar{\mathcal{L}}^{\mathrm{T}}$ 是正定的当且仅当领导者 0 在图 $\bar{\mathcal{G}}$ 中是全局可达的。

如果多智能体系统含有多个领导者，那么一致性问题变为包含控制问题。假定多智能体系统由 n 个跟随者和 m 个领导者组成，其中，跟随者用 $1, 2, \cdots, n$ 来表示，领导者用 $n+1, n+2, \cdots, n+m$ 来表示。由于领导者没有邻居智能体，所以拉普拉斯矩阵 $\mathcal{L}$ 可分解为

$$\mathcal{L} = \begin{pmatrix} \mathcal{L}_1 & \mathcal{L}_2 \\ \mathbf{0}_{m \times n} & \mathbf{0}_{m \times m} \end{pmatrix}$$

式中，$\mathcal{L}_1 \in \mathbb{R}^{n \times n}$，$\mathcal{L}_2 \in \mathbb{R}^{n \times m}$。矩阵 $\mathcal{L}_1$、$\mathcal{L}_2$ 满足以下性质。

性质 2.7[4]　若对每一个跟随者，至少存在一个领导者到任意跟随者都有一条有向路径，则 $\mathcal{L}_1$ 的所有特征值均具有正实部，且矩阵 $-\mathcal{L}_1^{-1}\mathcal{L}_2$ 的每一个元素都是非负的，$-\mathcal{L}_1^{-1}\mathcal{L}_2$ 每一行和都等于 1。

此外，用有向图 $\mathcal{G}(t) = \{\mathcal{V}(t), \mathcal{E}(t), \mathcal{A}(t)\}$ 来描述动态切换的通信拓扑，其中，$\mathcal{E}(t) \subseteq \mathcal{V}^2$ 表示动态切换的边集合，$\mathcal{A}(t) = [a_{ij}(t)]_{n \times n}$ 表示动态切换的非负加权邻接矩阵。此外，与之对应的，$B(t) = [b_1(t), b_2(t), \cdots, b_n(t)]^{\mathrm{T}}$ 表示动态切换的领导者与跟随者之间的连接权重。

由于在多智能体系统协调控制的研究中，经常需要用到矩阵的 Kronecker 积，下面介绍 Kronecker 积的定义及其性质。

定义 2.1[1]　设 $A = [a_{ij}] \in \mathbb{C}^{m \times n}$，$B = [b_{ij}] \in \mathbb{C}^{p \times q}$，定义矩阵 A 和 B 的 Kronecker 积为

$$A \otimes B = \begin{bmatrix} a_{11}B & a_{12}B & \cdots & a_{1n}B \\ a_{21}B & a_{22}B & \cdots & a_{2n}B \\ \vdots & \vdots & & \vdots \\ a_{n1}B & a_{n2}B & \cdots & a_{nn}B \end{bmatrix} \in \mathbb{C}^{mp \times nq}$$

性质 2.8[1]　对于适当维数的矩阵 A、B、C 和 D，其 Kronecker 积具有如下性质：

（1）设 $\alpha \in \mathbb{C}$，$(\alpha A) \otimes B = A \otimes (\alpha B) = \alpha(A \otimes B)$；

（2）$(A + B) \otimes C = A \otimes C + B \otimes C$；

（3）$(A \otimes B) \otimes C = A \otimes (B \otimes C)$；

（4）$(A \otimes B)(C \otimes D) = AC \otimes BD$；

（5）若 A^{-1}、B^{-1} 存在，则 $(A \otimes B)^{-1}$ 也存在，且 $(A \otimes B)^{-1} = A^{-1} \otimes B^{-1}$；

（6）$(A \otimes B)^{\mathrm{T}} = A^{\mathrm{T}} \otimes B^{\mathrm{T}}$。

定义 2.2　对于符号图 $\mathcal{G}$，多智能体系统分成两个集合 $\mathcal{V}_1$ 和 $\mathcal{V}_2$，有 $\mathcal{V}_1 \cup \mathcal{V}_2 = \mathcal{V}$，$\mathcal{V}_1 \cap \mathcal{V}_2 = \varnothing$ 且满足以下要求：

（1）若 $\forall i, j \in \mathcal{V}_q (q \in \{1, 2\})$，则所有权重 $a_{ij} \geqslant 0$；

（2）若 $\forall i \in \mathcal{V}_q, j \in \mathcal{V}_r, q \neq r (q, r \in \{1, 2\})$，则所有权重 $a_{ij} \leqslant 0$，
则称该符号图结构平衡；否则称该符号图结构不平衡。

2.2　稳定性的基本概念和结论

本节主要介绍稳定性的基本概念和结论，主要包括：渐近稳定性、有限时间稳定性、固定时间稳定性。

不失一般性，考虑如下形式的系统：

$$\dot{x} = f(x) \tag{2.1}$$

式中，$x \in \mathbb{R}^n$，$f(x)$ 为连续函数，且对于所有的 $t \in [0, \infty)$，有 $f(0) = 0$，即状态空间的原点 $x = 0$ 为系统（2.1）的孤立平衡点。

2.2.1　渐近稳定性

渐近稳定性的定义、判定及相关结论在经典的线性系统理论教材里面已经进行了详细的介绍。此处，只给出通用的一种渐近稳定性定义，如果需要更多的相关知识，请参阅文献[5]和[6]。

定义 2.3[5]（李雅普诺夫意义下的稳定性）　如果对任意给定的 $t_0 \geqslant 0$，以及任意的 $\varepsilon > 0$，总存在 $\delta(\varepsilon, t_0) > 0$，使得当任意 x_0 满足 $\|x_0\| \leqslant \delta$ 时，系统（2.1）由初始条件 $x(t_0) = x(0)$ 确定的解 $x(t)$ 均有 $\|x(t)\| \leqslant \varepsilon$，$\forall t \geqslant t_0$，则称系统（2.1）的平衡点 $x = 0$ 是稳定的。

定义 2.4[6]（渐近稳定性）　如果系统（2.1）的平衡点 $x = 0$ 是稳定的且是吸引的，即对所有的 $t_0 \geqslant 0$，存在 $\delta(t_0) > 0$，使得

$$x \leqslant \delta \Rightarrow \lim_{t \to +\infty} x(t) = 0$$

则称平衡点 $x = 0$ 为渐近稳定的。

定理 2.1[6]　对连续时间线性时不变系统（2.1），如果可以构造出对 x 具有一阶偏导数的一个标量函数 $V(x)$，$V(0) = 0$，且对状态空间 $\mathbb{R}^n$ 中的所有非零状态点满足如下条件：

（1）$V(x)$ 是正定的；

（2）$\dot{V}(x)$ 是负定的；

（3）当 $\|x\| \to \infty$ 时，有 $\|V(x)\| \to \infty$，

则系统（2.1）的原点平衡状态 $x = 0$ 是大范围渐近稳定的。

2.2.2　有限时间稳定性

2.2.1 节中渐近稳定结果能够保证系统在无穷时间里实现稳定，但在工程实践应用中无穷时间稳定性的意义不大。因此，本节介绍有限时间稳定性的相关结果。

定义 2.5[7]（有限时间稳定性）　针对任意的初始条件，如果系统（2.1）是渐近稳定的，如果存在一个有限的时间 T_0，使得 $\lim\limits_{t \to T_0} x(t) = 0$，并且对于所有的 $t \geqslant T_0$，都有 $x(t) = 0$，则称系统（2.1）是有限时间稳定的。

定理 2.2[7, 8]　对连续时间线性时不变系统（2.1），如果可以构造出对 x 具有一阶偏导数的一个标量函数 $V(x)$，$V(0) = 0$，且对状态空间 $\mathbb{R}^n$ 中的所有非零状态点满足如下条件：

（1）$V(x)$ 是正定的；

（2）存在正实数 $c > 0$ 和 $\alpha \in (0,1)$，以及一个包含原点的开邻域，使得下列条件成立：

$$\dot{V}(x) + cV^\alpha(x) \leqslant 0$$

则系统（2.1）是有限时间稳定的。

接下来，介绍齐次系统有限时间稳定性的相关知识。

定义 2.6[9]　假设 $V(x)$ 为关于 x 的标量函数，$x \in \mathbb{R}^n$，如果对于任意的 $\varepsilon > 0$，都存在 $\sigma > 0$ 和 $(r_1, r_2, \cdots, r_n) \in \mathbb{R}^n$，使得 $V(\varepsilon^{r_1} x_1, \varepsilon^{r_2} x_2, \cdots, \varepsilon^{r_n} x_n) = \varepsilon^\sigma V(x)$，$r_i > 0$，则称 $V(x)$ 是齐次的，且关于 $(r_1, r_2, \cdots, r_n)$ 具有齐次度 σ。

定义 2.7[9]　连续向量场 $f(x) = [f_1(x), f_2(x), \cdots, f_k(x)]^{\mathrm{T}}$ 称为相对于扩张系数 $(r_1, r_2, \cdots, r_k) \in \mathbb{R}^k$ 具有齐次自由度 $\lambda \in \mathbb{R}$ 的齐次向量场，是指对于 $\varepsilon > 0$，使得

$$f_i(\varepsilon^{r_1} x_1, \varepsilon^{r_2} x_2, \cdots, \varepsilon^{r_k} x_k) = \varepsilon^{\lambda + r_i} f_i(x)$$

式中，$i = 1, 2, \cdots, k$。

定义 2.8[9]　如果 $f(x)$ 是齐次向量场，那么称系统（2.1）为齐次系统。

定理 2.3　若系统（2.1）为关于扩张系数 $(r_1, r_2, \cdots, r_k) \in \mathbb{R}^k$ 具有齐次自由度 $\lambda \in \mathbb{R}$ 的齐次系统，且 $x = 0$ 是系统的渐近稳定平衡点。那么当齐次自由度 $\lambda < 0$ 时，系统（2.1）的平衡点 $x = 0$ 有限时间稳定。

定理 2.4　考虑系统

$$\dot{x} = f(x) + \tilde{f}(x) \tag{2.2}$$

式中，$\tilde{f}(0)=0$，$f(0)=0$，$x(t_0)=x_0$，$x\in\mathbb{R}^k$。假设系统 $\dot{x}=f(x)$ 为关于扩张系数 $(r_1,r_2,\cdots,r_k)\in\mathbb{R}^k$ 具有齐次自由度 $\lambda<0$ 的齐次系统，且 $x=0$ 是系统 $\dot{x}=f(x)$ 的渐近稳定平衡点。那么如果

$$\lim_{\varepsilon\to 0}\frac{\tilde{f}_i(\varepsilon^{r_1}x_1,\varepsilon^{r_2}x_2,\cdots,\varepsilon^{r_k}x_k)}{\varepsilon^{\lambda+r_i}}=0,\quad i=1,2,\cdots,k$$

对于 $x\in\{x\in\mathbb{R}^k\mid\|x\|\leqslant\delta\}$，$\delta>0$ 一致地成立，则系统（2.2）的平衡点 $x=0$ 是局部有限时间稳定的。

2.2.3　固定时间稳定性

有限时间稳定性有很多优点，但是存在一个明显的不足，那就是收敛时间依赖于初始状态，如果初始状态与稳定状态差距比较大，那么收敛时间比较长，很多时候初始状态具有不可测性，收敛时间也是变化的。也就是说，收敛时间会随着初始状态的不同而不同。Polyakov[10]和 Andrieu 等[11]提出一种系统状态收敛时间独立于初始值的固定时间稳定控制方法。因此，本节介绍固定时间稳定性的相关结果。

定义 2.9[10, 11]（固定时间稳定性）　针对任意的初始条件，如果系统（2.1）是有限时间稳定的，且收敛时间 T_0 是有界的，也就是说，存在一个与初始条件无关的有限时间 $T_{\max}$，使得 $T(x_0)\leqslant T_{\max}$，$\forall x_0\in\mathbb{R}^n$，则称系统（2.1）是固定时间稳定的。

定理 2.5[10, 11]　对连续时间线性时不变系统（2.1），如果可以构造出对 x 具有一阶偏导数的一个标量函数 $V(x)$，$V(0)=0$，且对状态空间 $\mathbb{R}^n$ 中的所有非零状态点满足如下条件：

（1）$V(x)$ 是正定的；

（2）存在一个包含原点的开邻域，使得下列条件成立

$$\dot{V}(x)\leqslant -[c_1V^p(x)+c_2V^q(x)]^k,\quad c_1,c_2,p,q,k>0,\quad pk<1,\ qk>1$$

则系统（2.1）是固定时间稳定的，且收敛时间 T_0 满足 $T_0\leqslant\dfrac{1}{c_1^k(1-pk)}+\dfrac{1}{c_2^k(qk-1)}$。

定理 2.6[10, 11]　对连续时间线性时不变系统（2.1），如果可以构造出对 x 具有一阶偏导数的一个标量函数 $V(x)$，$V(0)=0$，且对状态空间 $\mathbb{R}^n$ 中的所有非零状态点满足如下条件：

（1）$V(x)$ 是正定的；

（2）在一个包含原点的开邻域，使得下列条件成立

$$\dot{V}(x)\leqslant -c_1V^p(x)-c_2V^q(x),\quad c_1,c_2>0,\quad p=1-\frac{1}{2\gamma},\ q=1+\frac{1}{2\gamma},\ \gamma>1$$

则系统（2.1）是固定时间稳定的，且收敛时间 T_0 满足 $T_0 \leqslant \dfrac{\pi\gamma}{\sqrt{c_1 c_2}}$。

2.3　其他相关概念和结论

本节将介绍其他稳定性相关的一些概念和结论。鉴于结论的证明在相关文献中已经详细给出，本部分只简述相关结论，略去其具体的证明过程。

引理 2.1　若符号图 $\mathcal{G}$ 结构平衡，则存在对角矩阵 $D = \mathrm{diag}\{d_1, d_2, \cdots, d_n\}$ 使得 DAD 中每个元素是非负的。此外，D 提供了一个集合划分，即 $\mathcal{V}_1 = \{i \mid d_i > 0\}$ 和 $\mathcal{V}_2 = \{i \mid d_i < 0\}$。

引理 2.2[12]　如果 $\mathcal{G} = (\mathcal{V}, \mathcal{E}, \mathcal{A})$ 是一个无向图，那么图 $\mathcal{G}$ 的拉普拉斯矩阵 $\mathcal{L}$ 是一个对称矩阵，且有 n 个实特征值，它们以如下的升序排列：

$$0 = \lambda_1(\mathcal{L}) \leqslant \lambda_2(\mathcal{L}) \leqslant \lambda_3(\mathcal{L}) \leqslant \cdots \leqslant \lambda_n(\mathcal{L}) = \lambda_{\max}$$

和

$$\min_{x \neq 0, \mathbf{1}^{\mathrm{T}} x = 0} \frac{x^{\mathrm{T}} \mathcal{L} x}{\|x\|^2} = \lambda_2(\mathcal{L})$$

式中，$\lambda_2(\mathcal{L})$ 表示图 $\mathcal{G}$ 的代数连通数；$x = [x_1, x_2, \cdots, x_n]^{\mathrm{T}} \in \mathbb{R}^n$ 满足 $x^{\mathrm{T}} x = \dfrac{1}{2} \sum\limits_{i=1}^{N} \sum\limits_{j=1}^{N} (x_j - x_i)^2$。如果图 $\mathcal{G}$ 是连通的，那么 $\lambda_2(\mathcal{L}) > 0$。若 $\mathbf{1}^{\mathrm{T}} x = 0$ 成立，则表明 $x^{\mathrm{T}} \mathcal{L} x \geqslant \lambda_2(\mathcal{L}) x^{\mathrm{T}} x$。

引理 2.3[12]　对任意矩阵 $A_{11}, A_{12}, A_{21}, A_{22} \in \mathbb{R}^{n \times n}$ 和分块矩阵

$$M = \begin{bmatrix} A_{11} & A_{12} \\ A_{21} & A_{22} \end{bmatrix} \in \mathbb{R}^{2n \times 2n}$$

当矩阵 A_{11}、A_{12}、A_{21} 和 A_{22} 两两可交换时，$\det(M) = \det(A_{11} A_{22} - A_{12} A_{21})$。

引理 2.4[12]　对任意矩阵 $A_1 \in \mathbb{R}^{m \times m}$ 和 $A_2 \in \mathbb{R}^{n \times n}$，都有

$$\det(A_1 \otimes A_2) = [\det(A_1)]^n [\det(A_2)]^m$$

引理 2.5[12]　对任意矩阵 $A \in \mathbb{R}^{n \times n}$，都有 $\lim\limits_{k \to \infty} A^k = 0$。

引理 2.6[13]（Young 不等式）　若 a 和 b 是非负实数，p 和 q 是正实数且满足 $\dfrac{1}{p} + \dfrac{1}{q} = 1$，则有 $ab \leqslant \dfrac{a^p}{p} + \dfrac{b^q}{q}$。

引理 2.7[14]（Hölder 不等式）　设 $p > 1$，$\dfrac{1}{p} + \dfrac{1}{q} = 1$。令 $a_1, a_2, \cdots, a_n$ 和 $b_1, b_2, \cdots, b_n$ 是非负实数。那么 $\sum\limits_{i=1}^{n} a_i b_i \leqslant \left(\sum\limits_{i=1}^{n} a_i^p \right)^{\frac{1}{p}} \left(\sum\limits_{i=1}^{n} b_i^q \right)^{\frac{1}{q}}$。

引理 2.8 假设 $x_i \in \mathbb{R}$ 及 $0 < q \leqslant 1$，则有 $\left(\sum\limits_{i=1}^{n} |x_i|\right)^q \leqslant \sum\limits_{i=1}^{n} |x_i|^q \leqslant n^{1-q}\left(\sum\limits_{i=1}^{n} |x_i|\right)^q$。

引理 2.9[6]（LaSalle 不变原理） 考虑系统 $\dot{x} = f(x)$，$x(t_0) = x_0 \in \mathbb{R}^k$，其中 $f : U \to \mathbb{R}^k$ 为开区间 $U \subset \mathbb{R}^k$ 上的连续函数。设 $g[x(t)]$ 为局部利普希茨函数，且满足 $D^+g[z(t)] \leqslant 0$，其中 D^+ 表示迪尼导数。那么 $\Theta^+(x_0) \bigcap U$ 为不变集 $S = \{x \in U \mid D^+g(x) = 0\}$ 中的系统解集，其中 $\Theta^+(x_0)$ 为正向的极限集合。

引理 2.10[15, 16]（比较原理） 考虑如下微分方程：

$$\begin{cases} \dot{x}(t) = f[x(t), t] \\ x(t_0) = x_0 \end{cases} \tag{2.3}$$

f 是区域 $G : t \in [t_0, a)$，$|x| < b$，$b > 0$ 上的连续函数。设 $\varphi(t)$ 是 $[t_0, a)$ 上的连续函数，满足 $\varphi(t_0) \leqslant x_0$。若 $t \in [t_0, a)$，

$$\varlimsup_{h \to 0^+} \frac{\varphi(t+h) - \varphi(t)}{h} \leqslant f[\varphi(t), t] \left(或 \varliminf_{h \to 0^+} \frac{\varphi(t+h) - \varphi(t)}{h} \geqslant f[\varphi(t), t] \right)$$

则

$$\varphi(t) \leqslant \bar{x}(t)(或 \varphi(t) \geqslant \underline{x}(t)), \quad t \in [t_0, a)$$

式中，$\bar{x}(t)$ 及 $\underline{x}(t)$ 分别表示微分方程在区间 $[t_0, a)$ 上满足初始条件的最大解和最小解。

参 考 文 献

[1] Godsil C，Royle G. Algebraic Graph Theory[M]. New York：Springer，2001.

[2] Cao Y，Ren W. Multi-vehicle coordination for double-integrator dynamics under fixed undirected/directed interaction in a sampled-data setting[J]. International Journal of Robust and Nonlinear Control，2010，20（9）：987-1000.

[3] Hu J，Hong Y. Leader-following coordination of multi-agent systems with coupling time delays[J]. Physica A，2007，374（2）：853-863.

[4] Li Z，Ren W，Liu X，et al. Distributed containment control of multi-agent systems with general linear dynamics in the presence of multiple leaders[J]. International Journal of Robust and Nonlinear Control，2013，23（5）：534-547.

[5] 胡跃明. 非线性控制系统理论与应用[M]. 2 版. 北京：国防工业出版社，2005.

[6] 廖晓昕. 稳定性的理论、方法和应用[M]. 2 版. 武汉：华中科技大学出版社，2010.

[7] Bhat S P，Bernstein D S. Finite-time stability of continuous autonomous systems[J]. SIAM Journal on Control and Optimization，2000，38（3）：751-766.

[8] Bhat S P，Bernstein D S. Continuous finite-time stabilization of the translational and rotational double integrators[J]. IEEE Transactions on Automatic Control，1998，43（5）：678-682.

[9] Rosier L. Homogeneous Lyapunov function for homogeneous continuous vector field[J]. Systems and Control Letters，1992，19（6）：467-473.

[10] Polyakov A. Nonlinear feedback design for fixed-time stabilization of linear control systems[J]. IEEE Transactions on Automatic Control，2011，57（8）：2106-2110.

[11]　Andrieu V，Praly L，Astolfi A. Homogeneous approximation，recursive observer design，and output feedback[J]. SIAM Journal on Control and Optimization，2008，47（4）：1814-1850.

[12]　Olfati-Saber R，Murray R M. Consensus problems in networks of agents with switching topology and time-delays[J]. IEEE Transactions on Automatic Control，2004，49（9）：1520-1533.

[13]　Cao Y，Ren W，Li Y. Distributed discrete-time coordinated tracking with a time-varying reference state and limited communication[J]. Automatica，2009，45（5）：1299-1305.

[14]　Bernstein D S. Matrix Mathematics：Theory，Facts，and Formulas with Application to Linear Systems Theory[M]. Princeton：Princeton University Press，2005.

[15]　匡继昌. 常用不等式[M]. 3 版. 济南：山东科学技术出版社，2004.

[16]　郭雷，程代展，冯德兴. 控制理论导论：从基本概念到研究前沿[M]. 北京：科学出版社，2005.

第3章　线性多智能体系统的分布式有限
时间编队跟踪控制问题

3.1　概　　述

在过去的二十年中，多智能体系统的协调控制问题受到越来越多学者的关注。这主要归因于其广泛的应用（如一致性[1]、群集[2]、跟踪控制[3]、编队控制[4]等）和多方面的优点（如低成本、高效率、更少的通信需求等）。编队控制作为分布式协调控制的一个重要分支，已经成为一个热点的研究问题，并且广泛地应用于许多实际系统，如移动式机器人[5]、无人驾驶飞行器[6]、航天器[7]等。特别的是，编队跟踪控制可以看作传统编队控制的一个拓展研究，其意味着在一个领导者的情况下去解决编队控制问题。

近年来，作为分布式协调控制领域一个具有挑战性的研究课题，编队跟踪控制得到了广泛的研究。在多智能体系统的编队跟踪控制方面，现有文献中出现了许多控制方法，如自适应控制法[8]、反馈控制法[9]、脉冲控制法[10]、人工势场法[11]等。Wang 等[8]研究了非线性系统的输出一致性跟踪控制和编队控制问题。基于反步法设计了分布式自适应控制协议，实现了非线性系统的输出一致性跟踪控制，并成功地将该协议应用于解决多个非完整移动机器人的编队控制问题。Do[9]利用势函数的方法设计了协调控制协议，使得一组具有有限传感范围的独轮车式移动机器人完成了期望的编队跟踪控制，并且保证了机器人之间没有碰撞。Wang 等[10]讨论了二阶多智能体系统的编队跟踪控制问题，仅使用邻居的相对位置信息设计了脉冲控制协议，使得某个跟随者跟踪领导者轨迹，同时也和其他跟随者保持某一形成的期望几何队形。通过拉普拉斯矩阵性质和脉冲系统的稳定性理论的结合，分别得到了有输入时滞、无输入时滞两种情况下多智能体系统实现编队跟踪控制的充分必要条件。Yoo 和 Kim[11]研究了网络移动机器人在未知滑移效应下的分布式编队跟踪控制问题，考虑了机器人之间的避碰问题。在假定领导者机器人的位置信息是时变的且只能被一小部分跟随者机器人获得的条件下，借助自适应函数近似的分布式递归设计方法，提出了基于势函数的控制协议，得到了多机器人系统在有向网络中实现编队跟踪控制和避碰的充分条件。然而，值得注意的是，上述关于编队跟踪控制的研究都是渐近收敛的，也就是说，编队跟踪的目标是在无限时间内完成的。很明显地，在实际应用中，收敛率是分析分布式协调控制的一个重要性能指标。因此，考虑到收敛快[12]和更强的抗干扰性[13]等优点，研究有限时间控制算法是十分必要且重要的工作。

目前，考虑到有限时间控制算法的优越性，许多现有的文献对有限时间控制方法进行了研究，其中主要包括：有限时间一致性控制[14]、有限时间跟踪控制[15]、有限时间编队控制[16]、有限时间输出反馈控制[17]和有限时间饱和控制[18]等。此外，据我们所知，关于多智能体系统有限时间跟踪控制问题的相关研究结果还很少。所以，根据以上对已有文献的分析和受到文献[19]~[21]相关工作的启发，本章旨在解决二阶多智能体系统的分布式有限时间编队跟踪控制问题。本章中有限时间编队跟踪是指在有限时间控制协议的作用下，所有跟随者能在有限时间内达到期望编队队形的同时，所有跟随者的几何中心也能在有限时间内跟踪到领导者的运动轨迹。基于快速终端滑模控制方法，分别在领导者控制输入等于 0 和不等于 0 的情况下，设计有限时间控制协议，研究有限时间的编队跟踪控制问题，推导出二阶多智能体系统达到分布式有限时间编队跟踪控制时所需要满足的充分条件。

3.2　模型建立与问题描述

首先介绍相关的代数图理论。假设智能体之间的通信拓扑由加权有向图 $\mathcal{G} = \{\mathcal{V}, \mathcal{E}, \mathcal{A}\}$ 来描述，其中 $\mathcal{V} = \{1, \cdots, N\}$、$\mathcal{E} \in \mathcal{V} \times \mathcal{V}$ 和 $\mathcal{A} = [a_{ij}] \in \mathbb{R}^{N \times N}$ 分别表示一个节点集合、一个边集和一个非负加权邻接矩阵。$e_{ij} = (j, i)$ 表示一条从节点 j 到节点 i 的有向边。邻接矩阵 $\mathcal{A}$ 中的元素满足 $a_{ij} > 0$ 当且仅当 $e_{ij} \in \mathcal{E}$；否则 $a_{ij} = 0$。节点 i 的邻居集合可以表示为 $\mathcal{N} = \{j \in \mathcal{V} \mid (j, i) \in \mathcal{E}\}$。通常假设加权有向图 $\mathcal{G}$ 中没有自环，即对于所有 $i \in \mathcal{V}$，$a_{ii} = 0$ 都成立。如果至少存在一个根节点到其他节点有一条有向的路径，则称该有向图 $\mathcal{G}$ 含有有向生成树。此外，令 $\mathcal{D} = \text{diag}[\deg(1), \deg(2), \cdots, \deg(N)]$，其中 $\deg(i) = \sum_{j=1}^{N} a_{ij}$ 表示节点 i 的入度，则定义有向图 $\mathcal{G}$ 的拉普拉斯矩阵 $\mathcal{L} = [l_{ij}]_{N \times N} = \mathcal{D} - \mathcal{A}$，其中 $l_{ij} = \sum_{k=1, k \neq i}^{N} a_{ik}$，$j = i$ 和 $l_{ij} = -a_{ij}$，$j \neq i$。

不失一般性，本章中假设存在 N 个跟随者和一个领导者。记编号 $1, \cdots, N$ 为跟随者，编号 0 为领导者。令有向图 $\mathcal{G}$ 表示 N 个跟随者之间的通信拓扑图，有向图 $\bar{\mathcal{G}}$ 表示 N 个跟随者和一个领导者之间的通信图，其对应的拉普拉斯矩阵为 $\bar{\mathcal{L}}$。本章中 $N+1$ 个智能体之间的通信拓扑满足如下假设。

假设 3.1　对于由有向图 $\bar{\mathcal{G}}$ 来描述的多智能体系统，其包含一个有向生成树，且把领导者当作根节点。

注释 3.1　为了便于分析有限时间编队跟踪控制问题，本章采用领导者-跟随者方法。从假设 3.1 可以看出，若有向图 $\bar{\mathcal{G}}$ 含有一个有向生成树，则矩阵 $\bar{\mathcal{L}} = \mathcal{L} + B$ 是可逆的，其中，$\mathcal{L}$ 是跟随者之间的拉普拉斯矩阵，$B = \text{diag}(b_1, b_2, \cdots, b_N)$ 是领导者与跟随者之间的通信权重矩阵[22]。

本章考虑的多智能体系统由 $N+1$ 个智能体组成，其中，第 i 个智能体满足下面的二阶微分动力学方程

$$\begin{cases} \dot{p}_i(t) = v_i(t) \\ \dot{v}_i(t) = u_i(t), \ i = 1, 2, \cdots, N \end{cases} \tag{3.1}$$

式中，$p_i = [x_i, y_i, z_i]^T \in \mathbb{R}^3$ 表示位置向量；$v_i = [\dot{x}_i, \dot{y}_i, \dot{z}_i]^T \in \mathbb{R}^3$ 表示速度向量；u_i 表示控制输入。此外，领导者的动力学方程可以描述为

$$\begin{cases} \dot{p}_0(t) = v_0(t) \\ \dot{v}_0(t) = u_0(t) \end{cases} \tag{3.2}$$

式中，$p_0(t)$、$v_0(t)$ 和 $u_0(t)$ 分别表示位置向量、速度向量和控制输入。

为了进一步地分析和证明本章的主要定理，特给出如下的定义和引理。

定义 3.1　对于一组智能体而言，存在两种类型的智能体，即领导者和跟随者。如果智能体只能发送信息给其他智能体且其状态只能被一小部分智能体获取，则称为领导者，否则称为跟随者。跟随者可以接收来自领导者和其邻居跟随者的信息。

本章的控制目标是设计分布式控制协议去解决二阶多智能体系统的有限时间编队跟踪控制问题，其定义如下所示。

定义 3.2（有限时间编队跟踪）　多智能体系统（3.1）和（3.2）实现有限时间编队跟踪控制当且仅当对任意初始状态，存在分布式控制协议 u_i 和可能依赖于初始值的有限时间 $T > 0$，使得所有跟随者能形成和保持一个期望的编队队形，同时其几何中心可以跟踪领导者的运动轨迹，即

$$\lim_{t \to T} \| (p_j(t) - h_j) - (p_i(t) - h_i) \| = 0, \ \lim_{t \to T} \| v_j(t) - v_i(t) \| = 0$$
$$\lim_{t \to T} \left\| \frac{1}{N} \sum_{i=1}^N p_i(t) - p_0(t) \right\| = 0, \ \lim_{t \to T} \| v_i(t) - v_0(t) \| = 0, \ i, j = 1, 2, \cdots, N$$

和

$$(p_j(t) - h_j) - (p_i(t) - h_i) = 0, \ v_j(t) - v_i(t) = 0$$
$$\frac{1}{N} \sum_{i=1}^N p_i(t) - p_0(t) = 0, \ v_i(t) - v_0(t) = 0, \ t \geq T, \ i, j = 1, 2, \cdots, N$$

式中，$h = [h_1^T, \cdots, h_N^T]^T$ 表示期望的三维几何队形。

注释 3.2　很容易得到，当 $h = \mathbf{0}$ 时，有限时间的编队跟踪问题可以转化成有限时间的一致性跟踪问题。

注释 3.3　从定义 3.2 可知,所有的跟随者在有限时间内收敛到期望的队形中,并且所有跟随者的几何中心在有限时间内跟踪到领导者的轨迹。

引理 3.1[23]　对于任意 $x_i \in \mathbb{R}$, $i = 1, 2, \cdots, n$, 若 $x_1, x_2, \cdots, x_n \geqslant 0$, $0 < r \leqslant 1$ 是实数,则有不等式 $\left(\sum_{i=1}^{n} x_i\right)^r \leqslant \sum_{i=1}^{n} x_i^r$ 成立。

引理 3.2[24]　用如下一阶动力学方程来描述快速终端滑动模态:

$$s(t) = \dot{x}(t) + cs(t) + d(x(t))^{m/q}$$

式中, $x(t) \in \mathbb{R}$ 表示标量, $c, d > 0$; q, m ($q > m$) 表示正奇整数,对于任意实数 x , $(x(t))^{m/q}$ 也是正实数。当 $s = 0$ 时, $\dot{x}(t) = -cx(t) - d(x(t))^{m/q}$ 。为了正确地选择参数,假定初始状态 $x(0) \neq 0$,则状态 $(x(t), \dot{x}(t))$ 将在有限时间 T 内趋近于 $(0, 0)$,并且有限时间 T 满足条件 $T \leqslant \dfrac{q}{c(q-m)} \ln \dfrac{c(x(0))^{(q-m)/q} + d}{d}$ 。

3.3　有限时间编队跟踪控制

本节将解决二阶多智能体系统的有限时间编队跟踪控制问题。借助快速终端滑模控制方法来设计新的有限时间编队跟踪控制协议。该协议的设计过程主要包括两个步骤:第一,引入闭环的编队跟踪误差系统并设计滑模面;第二,根据编队跟踪误差和滑模面,仅使用邻居跟随者的相对测量信息,对每个跟随者提出有限时间编队跟踪控制协议。

由于并不是所有跟随者都可以接收领导者的信息,为了确保实现有限时间编队跟踪控制,设计如下基于邻居信息的编队跟踪误差:

$$\begin{cases} e_{ix}(t) = \displaystyle\sum_{j=1}^{N} a_{ij}((p_j(t) - h_j) - (p_i(t) - h_i)) + b_i(p_0(t) - (p_i(t) - h_i)) \\ e_{iv}(t) = \displaystyle\sum_{j=1}^{N} a_{ij}(v_j(t) - v_i(t)) + b_i(v_0(t) - v_i(t)) \end{cases}$$

基于此,本节针对每一个跟随者构造如下的滑模量:

$$s_i(t) = e_{iv}(t) + c e_{ix}(t) + d(e_{ix}(t))^{m/q}$$

式中, $i = 1, 2, \cdots, N$; c 、$d > 0$; $q > m > 0$ 表示正奇整数。所以,为了解决前面提到的有限时间编队跟踪控制问题,根据定义 3.2,我们只需要证明

$$\lim_{t \to T} \begin{pmatrix} e_{ix} \\ e_{iv} \end{pmatrix} = 0, \quad e_{ix} = e_{iv} = 0, \quad \forall t \geq T, \quad i = 1, 2, \cdots, N \tag{3.3}$$

因此，针对由式（3.1）、式（3.2）构成的多智能体系统，基于快速终端滑模控制方法，本节提出如下分布式控制协议：

$$
\begin{aligned}
u_i = \left(\sum_{j=1}^{N} a_{ij} + b_i \right)^{-1} & \left(\sum_{j=1}^{N} a_{ij} u_j + b_i u_0 \right. \\
& + \left(c + d \frac{m}{q} \left(\sum_{j=1}^{N} a_{ij}((p_j(t) - h_j) - (p_i(t) - h_i)) + b_i(p_0(t) - (p_i(t) - h_i)) \right)^{m/q - 1} \right. \\
& \cdot \left. \left(\sum_{j=1}^{N} a_{ij}(v_j(t) - v_i(t)) + b_i(v_0(t) - v_i(t)) \right) + \mathrm{sgn}(s_i(t)) \right), \quad i = 1, 2, \cdots, N
\end{aligned}
\tag{3.4}
$$

定理 3.1　对于二阶多智能体系统（3.1）和（3.2），若假设 3.1 成立，则在分布式控制协议（3.4）的作用下，系统能实现有限时间的编队跟踪控制。

证明　为了证明定理 3.1，需要采用快速终端滑模控制方法去解决这一问题。证明过程分为以下两个步骤。

步骤 1　需要证明所有的滑模量在有限时间内都等于 0。对滑模量 $s_i(t)$ 关于时间求导得

$$\dot{s}_i(t) = \dot{e}_{iv}(t) + c e_{iv}(t) + d \frac{m}{q} (e_{ix}(t))^{m/q-1} e_{iv}(t) \tag{3.5}$$

此处，令 $e_x(t) = [e_{1x}^{\mathrm{T}}(t), \cdots, e_{Nx}^{\mathrm{T}}(t)]^{\mathrm{T}}$，$e_v(t) = [e_{1v}^{\mathrm{T}}(t), \cdots, e_{Nv}^{\mathrm{T}}(t)]^{\mathrm{T}}$，$s(t) = [s_1^{\mathrm{T}}(t), \cdots, s_N^{\mathrm{T}}(t)]^{\mathrm{T}}$，$u = [u_1^{\mathrm{T}}, \cdots, u_N^{\mathrm{T}}]^{\mathrm{T}}$，$\mathrm{sgn}(s(t)) = [\mathrm{sgn}(s_1^{\mathrm{T}}(t)), \cdots, \mathrm{sgn}(s_N^{\mathrm{T}}(t))]^{\mathrm{T}}$。则控制协议 u_i 和滑模量的时间导数 $\dot{s}_i(t)$ 可以改写成如下矩阵形式：

$$u(t) = (\bar{\mathcal{L}}^{-1} \otimes I) \left(B\mathbf{1} \otimes u_0 + \left(cI + d \frac{m}{q} \mathrm{diag}((e_x(t))^{m/q-1}) \right) e_v(t) + \mathrm{sgn}(s(t)) \right) \tag{3.6}$$

$$
\begin{aligned}
\dot{s}(t) &= \dot{e}_v(t) + c e_v(t) + d \frac{m}{q} \mathrm{diag}((e_x(t))^{m/q-1}) e_v(t) \\
&= \dot{e}_v(t) + \left(cI + d \frac{m}{q} \mathrm{diag}((e_x(t))^{m/q-1}) \right) e_v(t)
\end{aligned}
\tag{3.7}
$$

因此，编队跟踪误差方程可以等价地表述为

$$\begin{cases} \dot{e}_x(t) = e_v(t) \\ \dot{e}_v(t) = -(\bar{\mathcal{L}} \otimes I)(u - \mathbf{1} \otimes u_0) \end{cases} \tag{3.8}$$

定义李雅普诺夫函数为 $V(t) = 1/2 s^{\mathrm{T}}(t) s(t)$，对其求导可得

$$
\begin{aligned}
\dot{V}(t) &= s^{\mathrm{T}}(t)\dot{s}(t) \\
&= s^{\mathrm{T}}(t)\left(\dot{e}_v(t) + \left(cI + d\frac{m}{q}\mathrm{diag}((e_x(t))^{m/q-1})\right)e_v(t)\right) \\
&= s^{\mathrm{T}}(t)\left(-(\overline{\mathcal{L}}\otimes I)(u - \mathbf{1}\otimes u_0) + \left(cI + d\frac{m}{q}\mathrm{diag}((e_x(t))^{m/q-1})\right)e_v(t)\right) \\
&= s^{\mathrm{T}}(t)\left(-((\mathcal{L}+B)\otimes I)(u - \mathbf{1}\otimes u_0) + \left(cI + d\frac{m}{q}\mathrm{diag}((e_x(t))^{m/q-1})\right)e_v(t)\right) \\
&= s^{\mathrm{T}}(t)\left(-((\mathcal{L}+B)\otimes I)u + B\mathbf{1}\otimes u_0 I + \left(cI + d\frac{m}{q}\mathrm{diag}((e_x(t))^{m/q-1})\right)e_v(t)\right) \\
&= -s^{\mathrm{T}}(t)\,\mathrm{sgn}(s(t)) \\
&= -(|s_1| + |s_2| + \cdots + |s_N|) \\
&\leqslant -(|s_1|^2 + |s_2|^2 + \cdots + |s_N|^2)^{\frac{1}{2}} \\
&= -(2V(t))^{\frac{1}{2}} = -\sqrt{2}(V(t))^{\frac{1}{2}}
\end{aligned}
\tag{3.9}
$$

式中，以上不等式是借助引理 3.1 得到的。从式（3.9）和引理 3.2 可以推断，$V(t)$ 在有限时间内达到 0，这意味着若 $V(0)\neq 0$，则在有限时间内可以实现滑模面 $s(t)=0$，且有限时间满足 $t_1 \leqslant \sqrt{2}(V(0))^{1/2}$。

步骤 2　需要证明跟随者的状态在有限时间内收敛于期望的队形并保持着队形运动，与此同时，其几何中心在有限时间内能跟踪领导者的轨迹。也就是说，需要解决多智能体系统的有限时间编队跟踪控制问题。

基于以上的分析可知，若滑模面 $s(t)=0$ 成立，则容易得出 $s_i(t) = \dot{e}_{ix}(t) + ce_{ix}(t) + d(e_{ix}(t))^{m/q} = 0$，$i = 1,2,\cdots,N$。显然地，根据引理 3.2 可得平衡点 $(e_{ix}(t), e_{iv}(t))$ 能在有限时间内达到 $(0,0)$，即编队跟踪误差 $e_{ix}(t)$ 和 $e_{iv}(t)$ 将在有限时间内收敛到 0，其中该有限时间满足条件 $T_1 \leqslant t_1 + \dfrac{q}{c(q-m)}\ln\dfrac{c\left(\max\limits_{1\leqslant i\leqslant N} e_{ix}(t_1)\right)^{(q-m)/q} + d}{d}$。

注意到，如果有向图 $\overline{\mathcal{G}}$ 包含一个有向生成树，那么矩阵 $\overline{\mathcal{L}} = \mathcal{L} + B$ 是可逆的，所以从编队跟踪误差方程可以断定满足式（3.3）中的条件，这意味着多智能体系统的编队跟踪控制问题可以在有限时间 T_1 内得到解决。

根据步骤 1、步骤 2 和定义 3.2，我们可以得出结论，即在控制协议（3.4）下，多智能体系统（3.1）和（3.2）能实现有限时间的编队跟踪控制。定理得证。□

注释 3.4　本节通过快速终端滑模控制方法来设计有限时间编队跟踪控制协议，其中，相对位置误差、速度误差和加权邻居输入信息被用来设计控制协议（3.4）。此外，从控制协议（3.4）可以注意到，符号函数被运用到控制协议的设计中。众所周知，符号函数的引入会导致颤振现象的出现，甚至会使得多智能体系统对高频测量噪声十分敏感。然而，正确选择控制参数可以降低其敏感度。

注释 3.5 与文献[25]、[26]中传统的滑模控制方法不同，本章使用的快速终端滑模控制方法不仅有更大的有限时间收敛率，而且具有更小的稳态误差。此外，值得注意的是，快速终端滑模控制方法具有许多显著的优点，这些优点结合了有限时间收敛特性和指数收敛特性的优点。

下面，我们将进一步分析一种特殊情况，即领导者的控制输入为 0。也就是说，领导者以恒定速度运动。同样地，基于快速终端滑模控制方法，设计如下控制协议：

$$
\begin{aligned}
\bar{u}_i =& \left(\sum_{j=1}^{N} a_{ij} + b_i\right)^{-1} \left(\sum_{j=1}^{N} a_{ij}\bar{u}_j \right. \\
& + \left(\bar{c} + \bar{d}\frac{\bar{m}}{\bar{q}}\left(\sum_{j=1}^{N} a_{ij}((p_j(t) - h_j) - (p_i(t) - h_i)) + b_i(p_0(t) - (p_i(t) - h_i))\right)^{\bar{m}/\bar{q}-1}\right) \\
& \left. \cdot \left(\sum_{j=1}^{N} a_{ij}(v_j(t) - v_i(t)) + b_i(v_0(t) - v_i(t))\right) + \mathrm{sgn}(\bar{s}_i(t))\right), \quad i = 1, 2, \cdots, N
\end{aligned}
\tag{3.10}
$$

式中，$\bar{c}$、$\bar{d} > 0$；$\bar{q} > \bar{m} > 0$ 是正奇整数。

通过对定理 3.1 的分析，我们可以得到如下推论。

推论 3.1 在控制协议（3.10）下，若假设 3.1 成立，则当领导者控制输入为 0 时，二阶多智能体系统（3.1）和（3.2）可以实现分布式有限时间的编队跟踪控制。

证明 根据定理 3.1 的证明思路，可得

$$
\dot{\bar{s}}_i(t) = \dot{e}_{iv}(t) + \bar{c}e_{iv}(t) + \bar{d}\frac{\bar{m}}{\bar{q}}(e_{ix}(t))^{\bar{m}/\bar{q}-1}e_{iv}(t)
\tag{3.11}
$$

那么，式（3.10）和式（3.11）可以改写为

$$
\bar{u}(t) = (\bar{\mathcal{L}}^{-1} \otimes I)\left(\left(\bar{c}I + \bar{d}\frac{\bar{m}}{\bar{q}}\mathrm{diag}((e_x(t))^{\bar{m}/\bar{q}-1})\right)e_v(t) + \mathrm{sgn}(\bar{s}(t))\right)
\tag{3.12}
$$

$$
\dot{\bar{s}}(t) = \dot{e}_v(t) + \left(\bar{c}I + \bar{d}\frac{\bar{m}}{\bar{q}}\mathrm{diag}((e_x(t))^{\bar{m}/\bar{q}-1})\right)e_v(t)
\tag{3.13}
$$

式中，$\bar{u} = [\bar{u}_1^{\mathrm{T}}, \bar{u}_2^{\mathrm{T}}, \cdots, \bar{u}_N^{\mathrm{T}}]^{\mathrm{T}}$。因此，可以给出编队跟踪误差方程为

$$
\begin{cases}
\dot{e}_x(t) = e_v(t) \\
\dot{e}_v(t) = -(\bar{\mathcal{L}} \otimes I)\bar{u}
\end{cases}
\tag{3.14}
$$

构造李雅普诺夫函数为 $\bar{V}(t) = 1/2\bar{s}^{\mathrm{T}}(t)\bar{s}(t)$。对 $\bar{V}(t)$ 沿着式（3.13）求导可得

$$\dot{\overline{V}}(t) = \overline{s}^{\mathrm{T}}(t)\dot{\overline{s}}(t)$$

$$= \overline{s}^{\mathrm{T}}(t)\left(\dot{e}_v(t) + \left(\overline{c}I + \overline{d}\,\frac{\overline{m}}{\overline{q}}\,\mathrm{diag}((e_x(t))^{\overline{m}/\overline{q}-1})\right)e_v(t)\right)$$

$$= \overline{s}^{\mathrm{T}}(t)\left(-(\overline{\mathcal{L}}\otimes I)\overline{u} + \left(\overline{c}I + \overline{d}\,\frac{\overline{m}}{\overline{q}}\,\mathrm{diag}((e_x(t))^{\overline{m}/\overline{q}-1})\right)e_v(t)\right)$$

$$= -\overline{s}^{\mathrm{T}}(t)\mathrm{sgn}(\overline{s}(t))$$

$$= -(|\,\overline{s}_1\,| + |\,\overline{s}_2\,| + \cdots + |\,\overline{s}_N\,|)$$

根据引理 3.1,

$$\dot{\overline{V}}(t) \leqslant -(|\,\overline{s}_1\,|^2 + |\,\overline{s}_2\,|^2 + \cdots + |\,\overline{s}_N\,|^2)^{\frac{1}{2}}$$

$$= -[2\overline{V}(t)]^{\frac{1}{2}}$$

$$= -\sqrt{2}[\overline{V}(t)]^{\frac{1}{2}} \tag{3.15}$$

那么,结合式(3.15)和引理 3.2,我们可以得到,滑模面 $\overline{s}(t) = 0$ 能在有限时间内到达,并且有限时间满足的条件为 $t_2 \leqslant \sqrt{2}[\overline{V}(0)]^{1/2}$。接下来的证明过程与定理 3.1 中步骤 2 非常类似,所以这里不再赘述。

根据以上的讨论和分析,我们可以得出,若假设 3.1 成立,存在控制协议(3.10)和有限时间 T_2,使得二阶多智能体系统(3.1)和(3.2)在有限时间内实现编队跟踪控制的目标,其中有限时间 T_2 满足条件 $T_2 \leqslant t_2 + \dfrac{\overline{q}}{\overline{c}(\overline{q}-\overline{m})}\ln\dfrac{\overline{c}\left(\max\limits_{1\leqslant i\leqslant N}e_{ix}(t_2)\right)^{(\overline{q}-\overline{m})/\overline{q}} + \overline{d}}{\overline{d}}$。

推论得证。□

注释 3.6　注意到,控制协议(3.10)是控制协议(3.4)的一个特例,即在控制协议(3.10)中,领导者的控制输入为 0。在本章中,智能体之间的通信拓扑是有向的且存在一个有向生成树。

3.4　数值仿真

本节给出两个数值仿真例子去验证本章提出的控制协议的有效性。如图 3.1 所示的通信拓扑图 $\overline{\mathcal{G}}$,包含了 8 个跟随者和 1 个领导者。其中,编号 1~8 为跟随者,编号 0 为领导者。

从图 3.1 中容易看出,通信拓扑图 $\overline{\mathcal{G}}$ 中含有一个有向生成树,即假设 3.1 成立。拉普拉斯矩阵 $\mathcal{L}$ 为

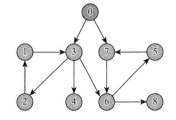

图 3.1　通信拓扑图 $\overline{\mathcal{G}}$

$$\mathcal{L} = \begin{bmatrix} 1 & -1 & 0 & 0 & 0 & 0 & 0 & 0 \\ 0 & 1 & -1 & 0 & 0 & 0 & 0 & 0 \\ -1 & 0 & 1 & 0 & 0 & 0 & 0 & 0 \\ 0 & 0 & -1 & 1 & 0 & 0 & 0 & 0 \\ 0 & 0 & 0 & 0 & 1 & -1 & 0 & 0 \\ 0 & 0 & -1 & 0 & 0 & 2 & -1 & 0 \\ 0 & 0 & 0 & 0 & -1 & 0 & 1 & 0 \\ 0 & 0 & 0 & 0 & 0 & -1 & 0 & 1 \end{bmatrix}$$

通信权重矩阵 $B = \mathrm{diag}(0,0,1,0,0,0,1,0)$。

　　例 3.1　本例将给出在控制协议（3.4）作用下的数值仿真结果。在仿真中，设计参数为 $c = 0.2$，$d = 0.5$，$q = 5$，$m = 3$。可以看出，这些参数满足条件 c、$d > 0$；$q > m > 0$ 是正奇整数。设定领导者的轨迹 $p_0(t) = [10\sin(0.1t), 10\cos(0.1t), 10\sin(0.1t)]^{\mathrm{T}}$，速度 $v_0(t) = [\cos(0.1t), -\sin(0.1t), \cos(0.1t)]^{\mathrm{T}}$，控制输入 $u_0(t) = [-0.1\sin(0.1t), -0.1\cos(0.1t), -0.1\sin(0.1t)]^{\mathrm{T}}$。

　　由图 3.2～图 3.4 可知，二阶多智能体系统（3.1）和（3.2）可以实现有限时间的编队跟踪控制，这与定理 3.1 中的结果一致。图 3.2 给出智能体在三维空间中的运动轨迹，其中画出若干时间点时几何中心（标注为五角星形）和 8 个跟随者（标注为实心圆点）的队形演化图。图 3.3 给出智能体速度沿不同坐标轴的时间演化图，其中 $v_{xi}(t)$、$v_{yi}(t)$、$v_{zi}(t)$ 分别是速度沿 x 轴、y 轴、z 轴的分量。图 3.4 给出位置跟踪误差和速度跟踪误差的演化图，其中 e_x、e_y、e_z 分别是位置跟踪误差沿 x 轴、y 轴、z 轴的分量，e_{vx}、e_{vy}、e_{vz} 分别是速度跟踪误差沿 x 轴、

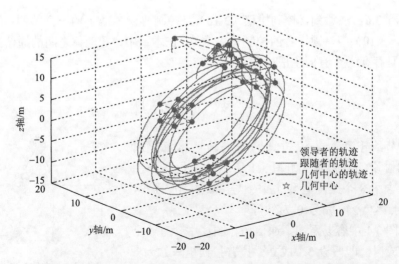

图 3.2　控制协议（3.4）下，智能体在三维空间中的运动轨迹

y 轴、z 轴的分量。很清楚地看到，在有限时间内，所有的跟随者在三维空间中形成期望的立方体队形，同时其几何中心跟踪到领导者的轨迹。

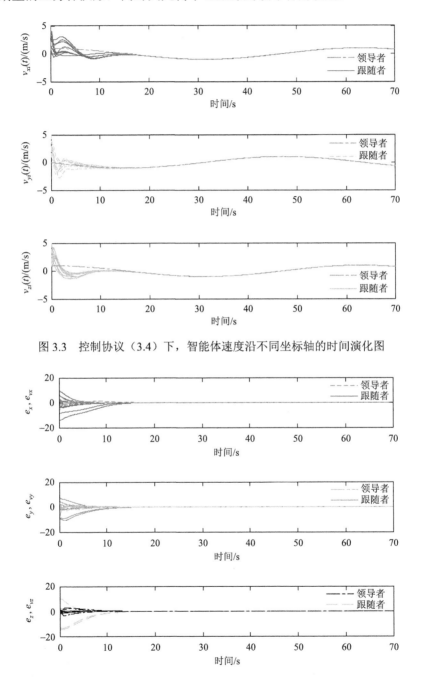

图 3.3　控制协议（3.4）下，智能体速度沿不同坐标轴的时间演化图

图 3.4　控制协议（3.4）下，智能体的位置跟踪误差和速度跟踪误差的演化图

例 3.2　本例考虑一种特殊情况，即领导者的速度为 0（$u_0 = \mathbf{0}$）。在仿真中，参数选择为 $\bar{c} = 0.3$，$\bar{d} = 0.4$，$\bar{q} = 5$，$\bar{m} = 3$。领导者的状态设定为 $p_0(t) = [2t+1, 2t+3, 2t+6]^T$，$v_0(t) = [2,2,2]^T$，则有 $a_0(t) = [0,0,0]^T$。

从图 3.5 中可以看出，在有限时间内，所有的跟随者收敛并保持预期的立方体队形，同时队形的几何中心跟踪到领导者的轨迹。图 3.6 描述智能体的速度轨迹图，即跟随者的速度能在有限时间内与领导者的速度达到一致。智能体的位置跟踪误差和速度跟踪误差的轨迹图如图 3.7 所示，在有限时间内所有跟随者的位置跟踪误差和速度跟踪误差都等于 0。综上所述，图 3.5～图 3.7 说明控制协议（3.10）可以解决多智能体系统（3.1）和（3.2）的有限时间编队跟踪控制问题。

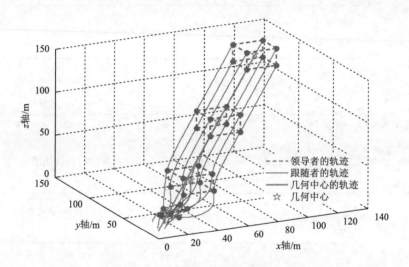

图 3.5　控制协议（3.10）下，智能体的三维位置轨迹图

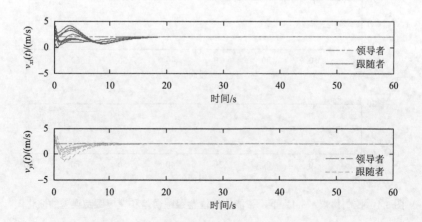

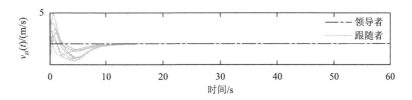

图 3.6　控制协议（3.10）下，智能体的速度轨迹图

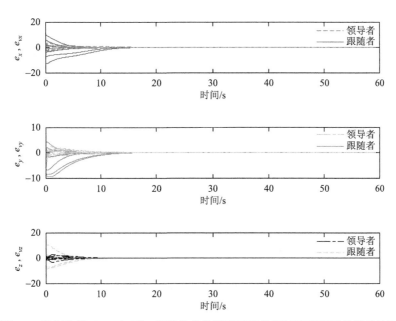

图 3.7　控制协议（3.10）下，智能体的位置跟踪误差和速度跟踪误差的轨迹图

3.5　本 章 小 结

本章基于有限时间控制，研究了二阶多智能体系统的编队跟踪控制问题。主要内容包括：分别在领导者控制输入等于 0 和不等于 0 的两种情况下，基于快速终端滑模控制方法，设计了有限时间控制协议，实现了二阶多智能体系统的分布式有限时间编队跟踪控制，即在有限时间控制协议的作用下，所有跟随者能在有限时间内达到期望编队队形的同时，所有跟随者的几何中心也能在有限时间内跟踪到领导者的轨迹；借助代数图论、李雅普诺夫稳定性和有限时间稳定性理论的相关知识，推导了多智能体系统达到有限时间编队跟踪控制时所需要满足的充分条件；最后，通过数值仿真实例验证了本章理论结果的有效性。

参 考 文 献

[1]　Guo G，Ding L，Han Q L. A distributed event-triggered transmission strategy for sampled-data consensus of

multi-agent systems[J]. Automatica，2014，50（5）：1489-1496.

[2] Pei H，Chen S，Lai Q. A local flocking algorithm of multi-agent dynamic systems[J]. International Journal of Control，2015，88（11）：2242-2249.

[3] Wen G，Duan Z，Chen G，et al. Consensus tracking of multi-agent systems with Lipschitz-type node dynamics and switching topologies[J]. IEEE Transactions on Circuits and Systems I：Regular Papers，2014，61（2）：499-511.

[4] Oh K K，Ahn H S. Formation control of mobile agents based on distributed position estimation[J]. IEEE Transactions on Automatic Control，2013，58（3）：737-742.

[5] Desai J P，Ostrowski J P，Kumar V. Modeling and control of formations of nonholonomic mobile robots[J]. IEEE Transactions on Robotics and Automation，2001，17（6）：905-908.

[6] Abdessameud A，Tayebi A. Formation control of VTOL unmanned aerial vehicles with communication delays[J]. Automatica，2011，47（11）：2383-2394.

[7] Beard R W，Lawton J，Hadaegh F Y. A coordination architecture for spacecraft formation control[J]. IEEE Transactions on Control Systems Technology，2001，9（6）：777-790.

[8] Wang W，Huang J，Wen C，et al. Distributed adaptive control for consensus tracking with application to formation control of nonholonomic mobile robots[J]. Automatica，2014，50（4）：1254-1263.

[9] Do K D. Formation tracking control of unicycle-type mobile robots with limited sensing ranges[J]. IEEE Transactions on Control Systems Technology，2008，16（3）：527-538.

[10] Wang Y W，Liu M，Liu Z W，et al. Formation tracking of the second-order multi-agent systems using position-only information via impulsive control with input delays[J]. Applied Mathematics and Computation，2014，246：572-585.

[11] Yoo S J，Kim T H. Distributed formation tracking of networked mobile robots under unknown slippage effects[J]. Automatica，2015，54：100-106.

[12] Bhat S P，Bernstein D S. Finite-time stability of continuous autonomous systems[J]. SIAM Journal on Control and Optimization，2000，38（3）：751-766.

[13] Franceschelli M，Pisano A，Giua A，et al. Finite-time consensus with disturbance rejection by discontinuous local interactions in directed graphs[J]. IEEE Transactions on Automatic Control，2015，60（4）：1133-1138.

[14] Li S，Du H，Lin X. Finite-time consensus algorithm for multi-agent systems with double-integrator dynamics[J]. Automatica，2011，47（8）：1706-1712.

[15] Zhao Y，Duan Z，Wen G，et al. Distributed finite-time tracking control for multi-agent systems：An observer-based approach[J]. Systems and Control Letters，2013，62（1）：22-28.

[16] Xiao F，Wang L，Chen J，et al. Finite-time formation control for multi-agent systems[J]. Automatica，2009，45（11）：2605-2611.

[17] Du H，He Y，Cheng Y. Finite-time synchronization of a class of second-order nonlinear multi-agent systems using output feedback control[J]. IEEE Transactions on Circuits and Systems I：Regular Papers，2014，61（6）：1778-1788.

[18] Cheng Y，Du H，He Y，et al. Distributed finite-time attitude regulation for multiple rigid spacecraft via bounded control[J]. Information Sciences，2016，328（C）：144-157.

[19] Guan Z H，Han G S，Li J，et al. Impulsive multiconsensus of second-order multiagent networks using sampled position data[J]. IEEE Transactions on Neural Networks and Learning Systems，2015，26（11）：2678-2688.

[20] Guan Z H，Hu B，Chi M，et al. Guaranteed performance consensus in second-order multi-agent systems with hybrid impulsive control[J]. Automatica，2014，50（9）：2415-2418.

[21] Han G S，He D X，Guan Z H，et al. Multi-consensus of multi-agent systems with various intelligences using

switched impulsive protocols[J]. Information Sciences，2016，349-350（C）：188-198.

[22]　Khoo S，Xie L，Man Z. Robust finite-time consensus tracking algorithm for multirobot systems[J]. IEEE Transactions on Mechatronics，2009，14（2）：219-228.

[23]　Ou M，Du H，Li S. Finite-time formation control of multiple nonholonomic mobile robots[J]. International Journal of Robust and Nonlinear Control，2014，24（1）：140-165.

[24]　Yu X，Man Z. Fast terminal sliding-mode control design for nonlinear dynamical systems[J]. IEEE Transactions on Circuits and Systems-I：Fundamental Theory and Applications，2002，49（2）：261-264.

[25]　Ghasemi M，Nersesov S G. Finite-time coordination in multiagent systems using sliding mode control approach[J]. Automatica，2014，50（4）：1209-1216.

[26]　Wu B，Wang D，Poh E. Decentralized sliding-mode control for attitude synchronization in spacecraft formation[J]. International Journal of Robust and Nonlinear Control，2013，23（11）：1183-1197.

第 4 章 非线性领导者-跟随者多智能体系统的多编队控制问题

4.1 概 述

过去十年见证了多智能体系统分布式协调控制研究的迅速发展。主要原因是其具有重要的实际应用价值，例如，人造卫星的群聚控制、移动机器人的蜂拥控制、无人飞行器的编队控制、航天器的姿态控制等。作为多智能体系统协调控制最重要的研究问题之一，编队控制问题受到学者的广泛研究，其中主要的控制方法包括基于行为（behavior based）法[1, 2]、领导者-跟随者法[3, 4]、虚拟结构（virtual structure）法[5, 6]和基于图论（graph based）法[7, 8]。

编队控制的目标是设计合适的控制协议使得一组智能体可以形成一个期望的几何结构并且随着时间的推移继续保持队形不变。近些年来，根据智能体的通信拓扑结构和感知能力，学者提出了许多基于一致性理论的控制协议去系统地学习多智能体的编队控制。Ren 和 Atkins[9]提出了一种具有局部信息交互的分布式协调方案，引入了考虑状态信息及其导数的二阶一致性控制协议，得到了多智能体系统在有向拓扑下实现一致性的充分必要条件，并成功将该一致性控制协议应用到多移动机器人的编队控制中。Xie 和 Wang[10]通过引入信息反馈原理来研究移动机器人系统的编队控制问题，根据机器人自身的速度信息和邻居的位置信息，设计了反馈控制协议，使得一组移动机器人渐近收敛到给定的动态编队队形里。Oh 和 Ahn[11]针对一阶多智能体系统的编队控制问题，借助相对位置测量信息提出了基于状态估计的控制协议，推导出了多智能体系统在时变权重的通信拓扑下完成编队控制任务的充分条件。Zhang 等[12]研究了高阶离散时间多智能系统的短快编队控制问题，借助局部邻居误差信息，提出了基于多步预测信息和自反馈项的控制协议，克服了通信拓扑对系统收敛速度的影响。Dong 和 Hu[13]解决了广义线性多智能体系统在切换拓扑下的时变编队控制问题，给出了宏观描述整个编队过程的时变编队参考点函数，得到了有向切换通信拓扑下系统达到编队控制的充要条件。Xia 等[14]研究了二阶多智能体系统的编队控制及避碰问题，基于位置状态观测器设计了一个最优的编队控制协议，使得智能体能以合作的方式收敛到期望的队形，同时增加了额外的控制输入来避免智能体之间发生碰撞。

值得提及的是，以上结果研究的都是传统的编队控制，即所有智能体收敛到相同的几何队形中，而忽略了智能体也可以形成多个不同的队形去完成不同任务的客观事实。实际上，这种多智能体系统形成多个不同队形去完成不同编队任务的现象在自然界和人类社会中无处不在，如移动机器人的分散编队任务、捕食者对猎物的捕食编队行为和不同利益社会群体的划分。因此，研究多智能体系统的多编队问题是非常重要的，这意味着多智能体系统被划分为多个子组，不同的子组形成不同的期望子队形，并且同一子组内的所有智能体收敛到一个相同的子队形里。

　　然而，到目前为止关于多编队问题的研究仍然很少，并且许多最近的研究成果主要集中在组一致[15-17]、簇一致[18-20]、多一致[21-23]和多跟踪[24, 25]等问题上，即多智能体系统被划分为若干子组，相同子组内的智能体能达到相同的状态。Yu 和Wang[15]在切换拓扑和通信时延的情况下研究了多智能体系统的组一致问题。Qin 和 Yu[19]通过状态反馈控制的方法研究了线性多智能体系统的簇一致问题，分别在固定和切换的有向通信拓扑情况下，得到了系统完成簇一致控制任务的充分条件。Guan 等[21]针对二阶多智能体系统的脉冲多一致问题，提出了基于采样位置数据的分布式脉冲控制协议，分别推导出系统渐近地达到静态和动态脉冲多一致的充分必要条件。Han 等[24]研究了多智能体系统的多跟踪问题，设计了一个脉冲控制协议，仅利用多智能体及其期望轨迹的采样位置数据，得到了能保证系统实现多跟踪的反馈增益和采样周期所需满足的充分必要条件。此外，在实际中，由于其他智能体动力学和自身动力学的影响，通常需要在智能体的数学模型中引入一个非线性项去描述每个智能体的固有动力学。因此，进一步研究具有非线性动力学多智能体系统的多编队控制问题是一项非常有意义的工作。与此同时，由于受到复杂环境的扰动和传感器通信范围的局限性影响，还需要考虑在切换拓扑下的多编队控制问题。

　　本章研究二阶非线性领导者-跟随者多智能体系统的多编队控制问题。在固定的和切换的通信拓扑情况下，分别设计分布式控制协议，通过结合代数图论和李雅普诺夫稳定性理论的方法，推导出非线性领导者-跟随者多智能体系统在控制协议下完成并保持多编队控制的充分条件。

4.2　模型建立与问题描述

　　本章中，考虑领导者-跟随者多智能体系统由 N 个跟随者和 M 个领导者构成。跟随者之间的通信拓扑由加权的无向图 $\mathcal{G} = \{\mathcal{V}, \mathcal{E}, \mathcal{A}\}$ 来描述，其中 $\mathcal{V} = \{1, \cdots, N\}$、$\mathcal{E} \subset \mathcal{V} \times \mathcal{V}$ 和 $\mathcal{A} = [a_{ij}] \in \mathbb{R}^{N \times N}$ 分别表示一个节点集合、一个边集和一个非负加权邻接矩阵。对于无向图而言，$(i, j) \in \mathcal{E}$ 当且仅当 $a_{ij} = a_{ji} > 0$，即智能体 i 和智能体 j 之间可以信息交互。假设无向图 $\mathcal{G}$ 中没有自环，即对于所有 $i \in \mathcal{V}$，$a_{ii} = 0$ 都成立。

度矩阵 $\mathcal{D} = \mathrm{diag}(d_1, d_2, \cdots, d_N)$ 是一个对角矩阵，其对角元素满足 $d_i = \sum_{j=1}^{N} a_{ij}$，$i \in \mathcal{V}$。

则定义无向图 $\mathcal{G}$ 的拉普拉斯矩阵 $\mathcal{L} = [l_{ij}]_{N \times N} = \mathcal{D} - \mathcal{A}$，其中 $l_{ii} = \sum_{j=1}^{N} a_{ij}$，$i = j$ 和

$l_{ij} = -a_{ij}$，$i \neq j$。如果图 $\mathcal{G}$ 中任意两个节点都存在一个路径，则图 $\mathcal{G}$ 是连通的，

否则图 $\mathcal{G}$ 是不连通的。

下面为了研究领导者-跟随者多智能体系统问题方便，令图 $\bar{\mathcal{G}}$ 表示 N 个跟随者和 M 个领导者之间的通信拓扑。此外，跟随者 i 与领导者之间的连接权重为 b_i，其中，$b_i > 0$ 表示跟随者 i 与领导者相连，否则 $b_i = 0$。与图 $\bar{\mathcal{G}}$ 相对应的拉普拉斯矩阵 $\bar{\mathcal{L}} = \mathcal{L} + B$，其中 $B = \mathrm{diag}(b_1, b_2, \cdots, b_N)$。

假定本章中的领导者-跟随者多智能体系统由 $N + M$ 个智能体组成。第 i 个跟随者的微分动力学方程可以描述为

$$\begin{cases} \dot{x}_i(t) = v_i(t) \\ \dot{v}_i(t) = u_i(t) + f(v_i(t), t), \ i \in \mathcal{V} \end{cases} \tag{4.1}$$

式中，$x_i(t) \in \mathbb{R}^n$、$v_i(t) \in \mathbb{R}^n$ 和 $u_i(t) \in \mathbb{R}^n$ 分别表示跟随者 i 的位置、速度和控制输入；$f(v_i(t), t)$ 是一个非线性连续可微的矢量值函数，其描述每个跟随者的固有动力学。另外，领导者的动力学方程可以表示为如下形式：

$$\begin{cases} \dot{x}_j^0(t) = v_j^0(t) \\ \dot{v}_j^0(t) = f(v_j^0(t), t), \ j \in \{1, 2, \cdots, M\} \end{cases} \tag{4.2}$$

式中，$x_j^0(t) \in \mathbb{R}^n$、$v_j^0(t) \in \mathbb{R}^n$ 分别表示领导者的位置和速度信息；$f(v_j^0(t), t)$ 表示控制输入。本章中，我们假设连续可微的矢量值函数 $f(\cdot)$ 满足如下 Lipschitz 条件。

假设 4.1　令函数 $f(\cdot)$ 为非线性函数，则存在一个正常数 ρ，使得如下不等式：
$$|f(v_1, t) - f(v_2, t)| \leqslant \rho |v_1 - v_2|, \ \forall v_1, v_2 \in \mathbb{R}^n$$

成立。

不失一般性，假设跟随者被划分为 M（$M \geqslant 1$）个子组，令 $\mathcal{G}_l = \{\mathcal{V}_l, \mathcal{E}_l, \mathcal{A}_l\}$ 表示第 l 个子图，其中 $\mathcal{V}_l \bigcap \mathcal{V}_p = \varnothing$（$l$，$p \in \{1, 2, \cdots, M\}$，$l \neq p$），$\bigcup_{l=1}^{M} \mathcal{V}_l = \mathcal{V}$，

$\bigcup_{l=1}^{M} \mathcal{E}_l \subseteq \mathcal{E}$。令 $\bar{\mathcal{G}}_l = \{\bar{\mathcal{V}}_l, \bar{\mathcal{E}}_l, \bar{\mathcal{A}}_l\}$ 表示第 l 个子组与其领导者 l 的通信拓扑图。令第 l 个

子组中跟随者的总数为 n_l，其中 $\sum_{l=1}^{M} n_l = N$。$\mathcal{V}_l = \left\{ 1 + \sum_{i=1}^{l} n_{i-1}, \cdots, \sum_{i=1}^{l} n_i \right\}$ 表示第 l 个子

组中智能体的索引集合。加权邻接矩阵 $\mathcal{A}$ 可以写成如下形式：

$$\mathcal{A} = \begin{bmatrix} \mathcal{A}_{11} & \mathcal{A}_{12} & \cdots & \mathcal{A}_{1M} \\ \mathcal{A}_{21} & \mathcal{A}_{22} & \cdots & \mathcal{A}_{2M} \\ \vdots & \vdots & & \vdots \\ \mathcal{A}_{M1} & \mathcal{A}_{M2} & \cdots & \mathcal{A}_{MM} \end{bmatrix}$$

从而，加权邻接矩阵中的元素满足如下假设。

假设 4.2　$\sum\limits_{j\in V/V_i} a_{ij} = 0,\ \forall i\in \mathcal{V}_l,\ l\in\{1,2,\cdots,M\}$ 。

注释 4.1　从假设 4.2 中可以推断，对于一个子组来说，从其他子组接收的信息总和为 0。

为了后续的使用，假定 $N+M$ 个智能体之间的通信拓扑满足假设 4.3。

假设 4.3　对于领导者-跟随者多智能体系统（4.1）和（4.2）中的每个子组而言，无向子图 $\mathcal{G}_l$，$l\in\{1,2,\cdots,M\}$ 是连通的，并且在第 l 个子组中至少存在一个跟随者与其领导者 l 相连，即 $B_l\neq 0$。

本章的控制目标是设计分布式控制协议去解决非线性领导者-跟随者多智能体系统的多编队控制问题，其定义如下：

定义 4.1（多编队）　若对于任意初始状态和任意子组 $l\in\{1,2,\cdots,M\}$，存在分布式控制协议 u_i 使得同一子组内的所有跟随者能形成期望的队形，即

$$\lim_{t\to\infty}(x_i(t)-h_i-x_l^0(t))=0,\ \lim_{t\to\infty}(v_i(t)-v_l^0(t))=0,\ \forall i\in\mathcal{V}_l,\ l\in\{1,2,\cdots,M\}$$

式中，$h=[h_1^{\mathrm T},\cdots,h_N^{\mathrm T}]^{\mathrm T}$，则多智能体系统（4.1）和（4.2）可以实现多编队控制。

注释 4.2　从定义 4.1 可以注意到，当 $h=\mathbf{0}_{nN}$ 时，多编队控制问题可以被转化为组一致或簇一致问题、多一致问题和多跟踪问题。于是，组一致或簇一致问题、多一致问题和多跟踪问题可以当成多编队控制问题的一个特例。

引理 4.1[26]　对于连通的无向图 $\mathcal{G}$，若至少存在一个跟随者与领导者相连，则矩阵 $\mathcal{L}+B$ 是正定的。

引理 4.2[27]　若无向图 $\mathcal{G}$ 是连通的，并且至少存在一个跟随者与领导者相连，则相应的拉普拉斯矩阵 $\mathcal{L}$ 具有如下性质：

（1）$x^{\mathrm T}\mathcal{L}x=\dfrac{1}{2}\sum\limits_{i,j=1}^{N}a_{ij}(x_i-x_j)^2$，矩阵 $\mathcal{L}$ 的所有特征值是实数且非负的；

（2）对于所有 $x\in\mathbb{R}^n$，$\lambda_{\min}(\mathcal{L})x^{\mathrm T}x\leqslant x^{\mathrm T}\mathcal{L}x\leqslant\lambda_{\max}(\mathcal{L})x^{\mathrm T}x$ 成立，其中 $\lambda_{\min}(\mathcal{L})$ 与 $\lambda_{\max}(\mathcal{L})$ 分别是矩阵 $\mathcal{L}$ 的最小特征值和最大特征值。

4.3　固定拓扑下的多编队控制

本节主要考虑固定通信拓扑情况下的多编队控制问题。在此种情况下，设计如下基于邻居信息的多编队控制协议：

$$u_i(t)=\sum_{j\in\mathcal{N}_{i,l}}a_{ij}((x_j(t)-x_i(t))-(h_j-h_i)+k(v_j(t)-v_i(t)))$$

$$-b_i((x_i(t)-x_i^0(t)-h_i)+k(v_i(t)-v_l^0(t))),\quad i\in\mathcal{V}_l,l\in\{1,2,\cdots,M\}\quad(4.3)$$

式中，$x_l^0(t)$、$v_l^0(t)$ 分别表示子组 l 对应的领导者位置和速度；$\mathcal{N}_{i,l} = \{v_j \mid v_j \in \mathcal{V}_l : (v_i, v_j) \in \mathcal{E}_l\}$ 表示第 l 个子组中节点 v_i 的邻居集合；$k > 0$ 是控制增益。

定理 4.1　假定假设 4.1～假设 4.3 成立。在分布式控制协议（4.3）下，如果控制增益 k 满足

$$k \geqslant \frac{\rho}{\lambda_{\min}(\mathcal{L}_l + B_l)}, \quad l \in \{1, 2, \cdots, M\}$$

则非线性领导者-跟随者多智能体系统（4.1）和（4.2）可以实现多编队控制。

证明　在协议（4.3）的作用下，系统（4.1）的闭环动力学方程可以写成

$$\begin{cases} \dot{x}_i(t) = v_i(t) \\ \dot{v}_i(t) = \sum_{j \in \mathcal{N}_{i,l}} a_{ij}((x_j(t) - x_i(t)) - (h_j - h_i) + k(v_j(t) - v_i(t))) \\ \qquad - b_i[(x_i(t) - x_l^0(t) - h_i) + k(v_i(t) - v_l^0(t))] + f(v_i(t), t) \end{cases} \tag{4.4}$$

式中，$i \in \mathcal{V}_l$，$l \in \{1, 2, \cdots, M\}$。令

$$\bar{x}_i(t) = x_i(t) - x_l^0(t) - h_i$$
$$\bar{v}_i(t) = v_i(t) - v_l^0(t), \ i \in \mathcal{V}_l, \ l \in \{1, 2, \cdots, M\}$$

那么，从式（4.4）可以得出误差方程为

$$\begin{cases} \dot{\bar{x}}_i(t) = \bar{v}_i(t) \\ \dot{\bar{v}}_i(t) = \sum_{j \in \mathcal{N}_{i,l}} a_{ij}((\bar{x}_j(t) - \bar{x}_i(t)) + k(\bar{v}_j(t) - \bar{v}_i(t))) \\ \qquad - b_i(\bar{x}_i(t) + k\bar{v}_i(t)) + f(v_i(t), t) - f(v_l^0(t), t) \end{cases} \tag{4.5}$$

对于第 l 个子组而言，令 $\varphi_l = \sum_{m=1}^{l} n_{m-1}$，则 $\mathcal{V}_l = \{\varphi_l + 1, \varphi_l + 2, \cdots, \varphi_l + n_l\}$。记 $\bar{x}_l = [\bar{x}_{\varphi_l+1}^T, \cdots, \bar{x}_{\varphi_l+n_l}^T]^T$，$\bar{v}_l = [\bar{v}_{\varphi_l+1}^T, \cdots, \bar{v}_{\varphi_l+n_l}^T]^T$，$F_l = [(f(v_{\varphi_l+1}(t), t) - f(v_l^0(t), t))^T, \cdots, (f(v_{\varphi_l+n_l}(t), t) - f(v_l^0(t), t))^T]^T$，其中，$l \in \{1, 2, \cdots, M\}$。则误差方程可以改写为

$$\begin{cases} \dot{\bar{x}}_l(t) = \bar{v}_l(t) \\ \dot{\bar{v}}_l(t) = -(\mathcal{L}_l + B_l)\bar{x}_l(t) - k(\mathcal{L}_l + B_l)\bar{v}_l(t) + F_l \end{cases} \tag{4.6}$$

对系统（4.6）定义如下的李雅普诺夫函数：

$$V_l(t) = \frac{1}{2}\bar{x}_l^T(t)(\mathcal{L}_l + B_l)\bar{x}_l(t) + \frac{1}{2}\bar{v}_l^T(t)\bar{v}_l(t)$$

则 $V_l(t)$ 是正定的。显然地，其沿系统（4.6）对时间的导数为

$$\begin{aligned} \dot{V}_l(t) &= \bar{x}_l^T(t)(\mathcal{L}_l + B_l)\dot{\bar{x}}_l(t) + \bar{v}_l^T(t)\dot{\bar{v}}_l(t) \\ &= \bar{x}_l^T(t)(\mathcal{L}_l + B_l)\bar{v}_l(t) + \bar{v}_l^T(t)(-(\mathcal{L}_l + B_l)\bar{x}_l(t) - k(\mathcal{L}_l + B_l)\bar{v}_l(t) + F_l) \\ &= \bar{x}_l^T(t)(\mathcal{L}_l + B_l)\bar{v}_l(t) - \bar{v}_l^T(t)(\mathcal{L}_l + B_l)\bar{x}_l(t) - k\bar{v}_l^T(t)(\mathcal{L}_l + B_l)\bar{v}_l(t) + \bar{v}_l^T(t)F_l \\ &= -k\bar{v}_l^T(t)(\mathcal{L}_l + B_l)\bar{v}_l(t) + \bar{v}_l^T(t)F_l \end{aligned} \tag{4.7}$$

通过假设 4.1，我们可以得到

$$
\begin{aligned}
\bar{v}_l^{\mathrm{T}}(t)F_l &= \sum_{i=\varphi_l+1}^{\varphi_l+n_l} \bar{v}_i(t)(f(v_i(t),t) - f(v_l^0(t),t)) \\
&\leqslant \sum_{i=\varphi_l+1}^{\varphi_l+n_l} |\bar{v}_i(t)| \cdot |f(v_i(t),t) - f(v_l^0(t),t)| \\
&\leqslant \sum_{i=\varphi_l+1}^{\varphi_l+n_l} |\bar{v}_i(t)| \cdot \rho |v_i(t) - v_l^0(t)| \\
&= \sum_{i=\varphi_l+1}^{\varphi_l+n_l} \rho |\bar{v}_i(t)|^2 = \rho \bar{v}_l^{\mathrm{T}}(t)\bar{v}_l(t)
\end{aligned}
\tag{4.8}
$$

借助式（4.7）、式（4.8）、引理 4.1 和引理 4.2，可得

$$
\begin{aligned}
\dot{V}_l(t) &\leqslant -k\lambda_{\min}(\mathcal{L}_l + B_l)\bar{v}_l^{\mathrm{T}}(t)\bar{v}_l(t) + \rho\bar{v}_l^{\mathrm{T}}(t)\bar{v}_l(t) \\
&= (\rho - k\lambda_{\min}(\mathcal{L}_l + B_l))\bar{v}_l^{\mathrm{T}}(t)\bar{v}_l(t)
\end{aligned}
$$

很容易看出，若控制增益满足条件 $k \geqslant \dfrac{\rho}{\lambda_{\min}(\mathcal{L}_l + B_l)}$，$l \in \{1,2,\cdots,M\}$，则 $\dot{V}_l(t) \leqslant 0$。

通过李雅普诺夫稳定性理论可以断定，误差系统（4.6）是稳定的。

值得注意的是，在协议（4.3）中仅仅利用了同一子组中的邻居状态信息。因此，根据假设 4.2，与图 $\bar{\mathcal{G}}$ 相对应的拉普拉斯矩阵可以分解为 $\bar{\mathcal{L}} = \begin{bmatrix} \mathcal{L}_1 + B_1 & & \\ & \ddots & \\ & & \mathcal{L}_M + B_M \end{bmatrix}$。

那么，可以把系统（4.6）写成如下紧凑形式：

$$
\begin{cases}
\dot{\bar{x}}(t) = \bar{v}(t) \\
\dot{\bar{v}}(t) = -(\mathcal{L} + B)\bar{x}(t) - k(\mathcal{L} + B)\bar{v}(t) + F
\end{cases}
\tag{4.9}
$$

式中，$\bar{x} = [\bar{x}_1^{\mathrm{T}}, \bar{x}_2^{\mathrm{T}}, \cdots, \bar{x}_M^{\mathrm{T}}]^{\mathrm{T}}$，$\bar{v} = [\bar{v}_1^{\mathrm{T}}, \bar{v}_2^{\mathrm{T}}, \cdots, \bar{v}_M^{\mathrm{T}}]^{\mathrm{T}}$，$F = [F_1^{\mathrm{T}}, F_2^{\mathrm{T}}, \cdots, F_M^{\mathrm{T}}]^{\mathrm{T}}$。同样地，构造如下的李雅普诺夫函数：

$$
V(t) = \frac{1}{2}\bar{x}^{\mathrm{T}}(t)(\mathcal{L} + B)\bar{x}(t) + \frac{1}{2}\bar{v}^{\mathrm{T}}(t)\bar{v}(t)
$$

与上面的证明方法相同，容易得到系统（4.9）是稳定的。这意味着非线性领导者-跟随者多智能体系统（4.1）和（4.2）在固定拓扑下可以实现多编队控制。定理 4.1 得证。□

注释 4.3 值得指出的是，定理 4.1 中的控制增益 k 是直接由正 Lipschitz 常数 ρ 和矩阵 $\mathcal{L}_l + B_l$ 的最小特征值决定的。换句话说，图 $\bar{\mathcal{G}}_l$ 的通信拓扑结构影响着控制增益系数的条件。

注释 4.4 与传统的编队控制不同，在分析多编队控制问题时，组内通信、组间通信和不同子组的期望编队队形都需要考虑在内，这使得多编队控制问题变得

更具有挑战性和重要性。此外，许多传统的编队控制问题可以看作多编队控制问题的一个特例。要注意的是，当将期望的几何编队向量设置为 0 时，多编队控制问题可以转化成组一致[15-17]、多一致[21-23]和多跟踪[24, 25]问题。

接下来，我们将进一步分析一个特殊情况，即非线性项和领导者的控制输入为 0（$f(v_i(t),t)=0$，$f(v_j^0(t),t)=0$）。则多智能体系统（4.1）和（4.2）的误差方程可以简化为如下形式：

$$\begin{cases} \dot{\overline{x}}(t) = \overline{v}(t) \\ \dot{\overline{v}}(t) = -(\mathcal{L}+B)\overline{x}(t) - k(\mathcal{L}+B)\overline{v}(t) \end{cases}$$

根据前面对定理 4.1 的证明与分析，可以得到如下的推论。

推论 4.1 多智能体系统（4.1）和（4.2）中，令 $f(v_i(t),t)=0$，$f(v_j^0(t),t)=0$。若假设 4.2、假设 4.3 成立，并且控制增益 $k>0$，则在控制协议（4.3）下，多智能体系统可以实现固定拓扑的多编队控制。

证明 证明过程与定理 4.1 相似，所以此处省略。□

4.4 切换拓扑下的多编队控制

本节主要考虑切换通信拓扑情况下的多编队控制。本节是 4.3 节中结果的拓展。不失一般性，假设存在一个无限的有界非重叠时间间隔序列 $[t_\iota, t_{\iota+1})$，其中 $\iota = 0,1,2,\cdots$，$0 = t_0 < t_1 < \cdots < t_\iota < \cdots$，当 $\iota \to +\infty$ 时 $t_\iota \to +\infty$。令 $G = \{G_1,\cdots,G_r\}$ 为图 $\overline{\mathcal{G}}$ 所有可能拓扑的集合，$\mathcal{R} = \{1,\cdots,r\}$ 是其索引集。为方便表达，定义切换信号 $\sigma(t):[0,+\infty) \to \mathcal{R}$，其决定系统的拓扑结构。然后，令 $\overline{\mathcal{G}}(\sigma(t)) = (\overline{\mathcal{V}}, \overline{\mathcal{E}}(G_{\sigma(t)}), \overline{\mathcal{A}}(G_{\sigma(t)}))$ 为系统（4.1）和（4.2）在 t 时刻的通信拓扑，$\overline{\mathcal{G}}_l(\sigma(t)) = \{\overline{\mathcal{V}}_l, \overline{\mathcal{E}}_l(G_{\sigma(t)}), \overline{\mathcal{A}}_l(G_{\sigma(t)})\}$ 是第 l 个子组中跟随者与领导者 l 之间的通信拓扑，其中 $\overline{\mathcal{E}}_l(G_{\sigma(t)}) = \{(i,j) \in \overline{\mathcal{E}}(G_{\sigma(t)}): j \in \mathcal{V}_l\}$，$l \in \{1,2,\cdots,M\}$。根据以上的分析可知，每个跟随者的邻居集合 $\mathcal{N}_{i,l}(\overline{\mathcal{G}}_l(\sigma(t)))$、连接权重 $a_{ij}(t)$ 和相关的拉普拉斯矩阵 $\mathcal{L}_l(\overline{\mathcal{G}}_l(\sigma(t)))$ 都是时变的。特别地，通信拓扑在每个时间间隔 $[t_\iota, t_{\iota+1})$ 内是时不变的。接下来，给出本节中的如下假设。

假设 4.4 对于加权邻接矩阵 $\mathcal{A}(t)$ 中的元素，假定 $\sum_{j \in \mathcal{V}/\mathcal{V}_l} a_{ij}(t) = 0$，$\forall i \in \mathcal{V}_l$，$l \in \{1,2,\cdots,M\}$ 成立。

假设 4.5 对于领导者-跟随者多智能体系统（4.1）和（4.2）中的每个子组来说，存在一个正整数 T，使得对任意 T-长度的时间间隔 $[t, t+T]$，无向的子图 $\overline{\mathcal{G}}_l(\sigma(t))$，$l \in \{1,2,\cdots,M\}$ 是连通的，并且至少存在一个跟随者与其领导者 l 相连通，即 $B_l(\overline{\mathcal{G}}_l(\sigma(t))) \neq 0$。

在这种情况下，提出下面的基于切换拓扑的多编队控制协议：

$$u_i(t) = \sum_{j \in \mathcal{N}_{i,l}(\bar{\mathcal{G}}_l(\sigma(t)))} a_{ij}(t)((x_j(t) - x_i(t)) - (h_j - h_i) + k(v_j(t) - v_i(t)))$$

$$- b_i(t)((x_i(t) - x_i^0(t) - h_i) + k(v_i(t) - v_i^0(t))), \ i \in \mathcal{V}_l, l \in \{1, 2, \cdots, M\}$$

$$(4.10)$$

式中，$\mathcal{N}_{i,l}(\bar{\mathcal{G}}_l(\sigma(t))) = \{v_j \mid v_j \in \mathcal{V}_l : (v_i, v_j) \in \bar{\mathcal{E}}_l(G_{\sigma(t)})\}$ 表示第 l 个子组中节点 v_i 的邻居节点的集合。

定理 4.2　假定假设 4.1、假设 4.4 和假设 4.5 成立。切换拓扑 $\bar{\mathcal{G}}(\sigma(t))$ 下，若控制增益 k 满足

$$k \geqslant \frac{\rho}{\lambda_{\min}(\mathcal{L}_l(\bar{\mathcal{G}}_l) + B_l(\bar{\mathcal{G}}_l))}, \quad l \in \{1, 2, \cdots, M\}$$

则在控制协议（4.10）的作用下，非线性领导者-跟随者多智能体系统（4.1）和（4.2）的多编队控制问题可以得到解决。

证明　在协议（4.10）下，系统（4.1）的闭环动力学方程可以表示为

$$\begin{cases} \dot{x}_i(t) = v_i(t) \\ \dot{v}_i(t) = \displaystyle\sum_{j \in \mathcal{N}_{i,l}(\bar{\mathcal{G}}_l(\sigma(t)))} a_{ij}(t)((x_j(t) - x_i(t)) - (h_j - h_i) + k(v_j(t) - v_i(t))) \\ \qquad\quad - b_i(t)((x_i(t) - x_i^0(t) - h_i) + k(v_i(t) - v_i^0(t))) + f(v_i(t), t) \end{cases} \quad (4.11)$$

借鉴定理 4.1 的证明思路，我们可以得到

$$\begin{cases} \dot{\bar{x}}_l(t) = \bar{v}_l(t) \\ \dot{\bar{v}}_l(t) = -(\mathcal{L}_l(\bar{\mathcal{G}}_l) + B_l(\bar{\mathcal{G}}_l))\bar{x}_l(t) - k(\mathcal{L}_l(\bar{\mathcal{G}}_l) + B_l(\bar{\mathcal{G}}_l))\bar{v}_l(t) + F_l \end{cases} \quad (4.12)$$

定义如下的李雅普诺夫函数：

$$\tilde{V}_l(t) = \frac{1}{2}\bar{x}_l^{\mathrm{T}}(t)(\mathcal{L}_l(\bar{\mathcal{G}}_{=l}) + B_l(\bar{\mathcal{G}}_{=l}))\bar{x}_l(t) + \frac{1}{2}\bar{v}_l^{\mathrm{T}}(t)\bar{v}_l(t)$$

同样地，在条件 $k \geqslant \dfrac{\rho}{\lambda_{\min}(\mathcal{L}_l(\bar{\mathcal{G}}_l) + B_l(\bar{\mathcal{G}}_l))}$，$l \in \{1, 2, \cdots, M\}$ 下，不难得出 $\dot{\tilde{V}}_l(t) \leqslant$

0。这意味着系统（4.12）是稳定的。此外，根据假设 4.4，拉普拉斯矩阵 $\bar{\mathcal{L}}(\bar{\mathcal{G}}(\sigma(t)))$

可以分解为 $\bar{\mathcal{L}}(\bar{\mathcal{G}}(\sigma(t))) = \begin{bmatrix} \mathcal{L}_1(\bar{\mathcal{G}}(\sigma(t))) + B_1(\bar{\mathcal{G}}(\sigma(t))) & & \\ & \ddots & \\ & & \mathcal{L}_M(\bar{\mathcal{G}}(\sigma(t))) + B_M(\bar{\mathcal{G}}(\sigma(t))) \end{bmatrix}$。

则系统（4.12）可以改写成如下紧凑形式：

$$\begin{cases} \dot{\bar{x}} = \bar{v}(t) \\ \dot{\bar{v}} = -(\mathcal{L}(\bar{\mathcal{G}}) + B(\bar{\mathcal{G}}))\bar{x}(t) - k(\mathcal{L}(\bar{\mathcal{G}}) + B(\bar{\mathcal{G}}))\bar{v}(t) + F \end{cases} \quad (4.13)$$

构造其相应的李雅普诺夫函数为

$$\tilde{V}(t) = \frac{1}{2}\bar{x}^{\mathrm{T}}(t)(\mathcal{L}(\bar{\mathcal{G}}) + B(\bar{\mathcal{G}}))\bar{x}(t) + \frac{1}{2}\bar{v}^{\mathrm{T}}(t)\bar{v}(t)$$

接下来的证明过程与定理 4.1 类似，因此这里不再赘述。综上所述，多智能体系统（4.1）和（4.2）在切换拓扑下可以完成多编队控制。定理 4.2 得证。□

在切换拓扑的情况下，我们同样考虑相同的特殊情况，即非线性项和领导者的控制输入为 0。理所当然地，可以得到如下的推论。

推论 4.2　多智能体系统（4.1）和（4.2）中，令 $f(v_i(t),t)=0$，$f(v_j^0(t),t)=0$。若假设 4.1、假设 4.4 和假设 4.5 成立，并且控制增益 $k>0$，则在控制协议（4.10）下，多智能体系统可以实现切换拓扑的多编队控制。

证明　基于定理 4.2 可以很直接地证明该推论。为了避免重复，不再赘述。□

4.5　数值仿真

本节分别针对定理 4.1 和定理 4.2，结合具体实例进行仿真实验，以验证所得理论结果的正确性与有效性。

例 4.1　非线性领导者-跟随者多智能体系统由 13 个跟随者和 3 个领导者组成。如图 4.1 所示，假设 13 个跟随者被分为 3 个子组，即 $\mathcal{V}_1=\{1,2,3,4\}$、$\mathcal{V}_2=\{5,6,7\}$、$\mathcal{V}_3=\{8,9,10,11,12,13\}$，其中 l_1、l_2、l_3 分别是子组 $\mathcal{V}_1$、$\mathcal{V}_2$、$\mathcal{V}_3$ 的领导者。

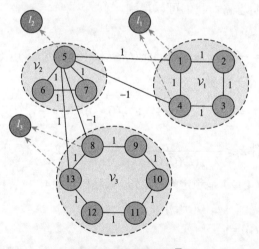

图 4.1　通信拓扑图 $\bar{\mathcal{G}}$

显然地，从图 4.1 看出假设 4.2 和假设 4.3 成立。选择每个子组中跟随者的非线性项为

$$f(v_i(t),t)=\begin{cases}(5\sin(t)+5v_i(t),5\cos(t)+5v_i(t))^{\mathrm{T}},\ i\in\mathcal{V}_1\\(2\sin(2t)+8v_i(t),2\cos(2t)+8v_i(t))^{\mathrm{T}},\ i\in\mathcal{V}_2\\(10\sin(0.2t)+6v_i(t),10\cos(0.2t)+6v_i(t))^{\mathrm{T}},\ i\in\mathcal{V}_3\end{cases}$$

且领导者的非线性项为

$$f(v_j^0(t),t) = \begin{cases} (5\sin(t)+5v_j^0(t), 5\cos(t)+5v_j^0(t))^{\mathrm{T}}, & j=1 \\ (2\sin(2t)+8v_j^0(t), 2\cos(2t)+8v_j^0(t))^{\mathrm{T}}, & j=2 \\ (10\sin(0.2t)+6v_j^0(t), 10\cos(0.2t)+6v_j^0(t))^{\mathrm{T}}, & j=3 \end{cases}$$

这些保证了假设 4.1 成立。令控制增益 $k=3$，则在控制协议（4.3）作用下，实现了 3 个不同几何队形（正三角形、正方形和正六边形）的编队控制，如图 4.2 所示。图 4.3（a）和（b）分别描述了智能体的速度沿 x 轴、y 轴的时间演化图。从图 4.2 和图 4.3 可以看出，多智能体系统（4.1）和（4.2）在固定拓扑下可以完成多编队的控制任务。

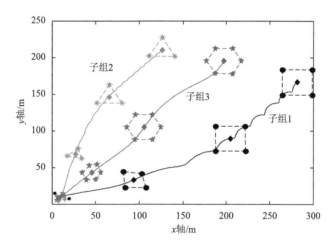

图 4.2　控制协议（4.3）下，智能体的位置轨迹图

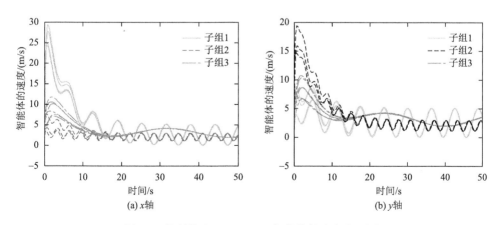

图 4.3　控制协议（4.3）下，智能体的速度轨迹图

例 **4.2**　在切换拓扑情况下，我们同样考虑一个由 13 个跟随者和 3 个领导者构成的多智能体系统，其中跟随者的分组情况与例 4.1 相同。图 4.4 表示具有切换信号 $\sigma(t) = \{1, 2, 3\}$ 的切换拓扑图 $\bar{\mathcal{G}}(\sigma(t))$，其以 1s 的周期进行切换，切换过程为 $\bar{\mathcal{G}}_1 \to \bar{\mathcal{G}}_2 \to \bar{\mathcal{G}}_3 \to \bar{\mathcal{G}}_1 \to \cdots$。领导者和跟随者的非线性项也与例 4.1 中一致。选择控制增益 $k = 5$，则在控制协议（4.10）下，智能体的位置轨迹图如图 4.5 所示，且图 4.6（a）和（b）分别表示智能体的速度沿 x 轴、y 轴的时间演化轨迹图。从图 4.5 和图 4.6 可以看出，非线性多智能体系统（4.1）和（4.2）可以达到三个不同的几何编队队形并保持队形不变继续运动，即多智能体系统实现了切换拓扑下的多编队控制，这与定理 4.2 的结果是一致的。

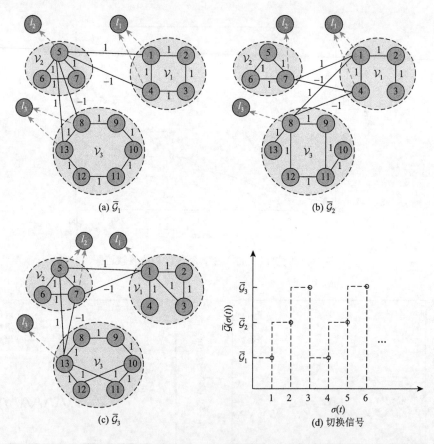

图 4.4　切换拓扑图 $\bar{\mathcal{G}}(\sigma(t))$ 与切换信号 $\sigma(t) = \{1, 2, 3\}$

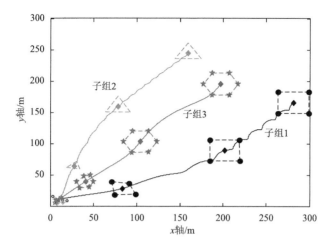

图 4.5　控制协议（4.10）下，智能体的位置轨迹图

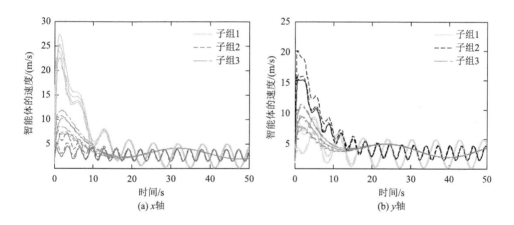

图 4.6　控制协议（4.10）下，智能体的速度轨迹图

4.6　本　章　小　结

本章研究了二阶非线性领导者-跟随者多智能体系统的多编队控制问题。主要内容包括：分别在固定的和切换的通信拓扑情况下，设计了分布式控制协议，实现了多编队控制，即多智能体系统被划分为多个子组，不同的子组完成不同的期望子队形，并且同一子组内的所有智能体均收敛到一个相同的子队形里；然后借助代数图论和李雅普诺夫稳定性理论的方法，得到了使多智能体系统形成期望的编队队形并保持该几何队形运动的充分条件；最后，通过数值仿真实例验证了本章定理结果的有效性。

参 考 文 献

[1] Balch T, Arkin R C. Behavior-based formation control for multirobot teams[J]. IEEE Transactions on Robotics and Automation, 1998, 14 (6): 926-939.

[2] Lawton J R T, Beard R W, Young B J. A decentralized approach to formation maneuvers[J]. IEEE Transactions on Robotics and Automation, 2003, 19 (6): 933-941.

[3] Lin Z, Ding W, Yan G, et al. Leader-follower formation via complex Laplacian[J]. Automatica, 2013, 49 (6): 1900-1906.

[4] Loria A, Dasdemir J, Jarquin N A. Leader-follower formation and tracking control of mobile robots along straight paths[J]. IEEE Transactions on Control Systems Technology, 2016, 24 (2): 727-732.

[5] Beard R W, Lawton J, Hadaegh F Y. A coordination architecture for spacecraft formation control[J]. IEEE Transactions on Control Systems Technology, 2001, 9 (6): 777-790.

[6] Lewis M A, Tan K H. High precision formation control of mobile robots using virtual structures[J]. Autonomous Robots, 1997, 4 (4): 387-403.

[7] Fax J A, Murray R M. Information flow and cooperative control of vehicle formations[J]. IEEE Transactions on Automatic Control, 2004, 49 (9): 1465-1476.

[8] Lin Z, Francis B, Maggiore M. Necessary and sufficient graphical conditions for formation control of unicycles[J]. IEEE Transactions on Automatic Control, 2005, 50 (1): 121-127.

[9] Ren W, Atkins E. Distributed multi-vehicle coordinated control via local information exchange[J]. International Journal of Robust and Nonlinear Control, 2007, 17 (10/11): 1002-1033.

[10] Xie G, Wang L. Moving formation convergence of a group of mobile robots via decentralised information feedback[J]. International Journal of Systems Science, 2009, 40 (10): 1019-1027.

[11] Oh K K, Ahn H S. Formation control of mobile agents based on distributed position estimation[J]. IEEE Transactions on Automatic Control, 2013, 58 (3): 737-742.

[12] Zhang W, Liu J, Wang H. Ultra-fast formation control of high-order discrete-time multi-agent systems based on multi-step predictive mechanism[J]. ISA Transactions, 2015, 58: 165-172.

[13] Dong X, Hu G. Time-varying formation control for general linear multi-agent systems with switching directed topologies[J]. Automatica, 2016, 73 (C): 47-55.

[14] Xia Y, Na X, Sun Z, et al. Formation control and collision avoidance for multi-agent systems based on position estimation[J]. ISA Transactions, 2016, 61: 287-296.

[15] Yu J, Wang L. Group consensus in multi-agent systems with switching topologies and communication delays[J]. Systems and Control Letters, 2010, 59 (6): 340-348.

[16] Feng Y, Xu S, Zhang B. Group consensus control for double-integrator dynamic multiagent systems with fixed communication topology[J]. International Journal of Robust and Nonlinear Control, 2014, 24 (3): 532-547.

[17] Zhao H, Park J H. Group consensus of discrete-time multi-agent systems with fixed and stochastic switching topologies[J]. Nonlinear Dynamics, 2014, 77 (4): 1297-1307.

[18] Lin Z, Francis B, Maggiore M. Necessary and sufficient graphical conditions for formation control of unicycles[J]. IEEE Transactions on Automatic Control, 2005, 50 (1): 121-127.

[19] Qin J, Yu C. Cluster consensus control of generic linear multi-agent systems under directed topology with acyclic partition[J]. Automatica, 2013, 49 (9): 2898-2905.

[20]　Han Y，Lu W，Chen T. Achieving cluster consensus in continuous-time networks of multi-agents with inter-cluster non-identical inputs[J]. IEEE Transactions on Automatic Control，2015，60（3）：793-798.

[21]　Guan Z H，Han G S，Li J，et al. Impulsive multiconsensus of second-order multi-agent networks using sampled position data[J]. IEEE Transactions on Neural Networks and Learning Systems，2015，26（11）：2678-2688.

[22]　Han G S，He D X，Guan Z H，et al. Multi-consensus of multi-agent systems with various intelligences using switched impulsive protocols[J]. Information Sciences，2016，349-350（C）：188-198.

[23]　Han G S，Guan Z H，Li J，et al. Multi-consensus of multi-agent networks via a rec tangular impulsive approach[J]. Systems and Control Letters，2015，76：28-34.

[24]　Han G S，Guan Z H，Li J，et al. Multi-tracking of second-order multi-agent systems using impulsive control[J]. Nonlinear Dynamics，2016，84（3）：1771-1781.

[25]　Zhang W，Liu J，Wang H. Multi-tracking control of heterogeneous multi-agent systems with single-input-single-output based on complex frequency domain analysis[J]. IET Control Theory and Applications，2016，10（8）：861-868.

[26]　Du H，Cheng Y，He Y，et al. Second-order consensus for nonlinear leader-following multi-agent systems via dynamic output feedback control[J]. International Journal of Robust and Nonlinear Control，2016，26（2）：329-344.

[27]　Olfati-Saber R，Murray R M. Consensus problems in networks of agents with switching topology and time-delays[J]. IEEE Transactions on Automatic Control，2004，49（9）：1520-1533.

第5章　二阶多智能体系统的包含控制问题

5.1　概　　述

近十几年来，随着科学技术的高速发展和探索研究，多智能体系统的分布式协调控制问题已成为控制界的研究热点，同时也吸引了国内外各领域众多学者的广泛关注和重视。多智能体系统的分布式协调控制研究范畴主要包括一致性[1, 2]、同步[3, 4]、群集[5, 6]、编队[7, 8]等问题，其中一致性是协调控制研究的基本问题。综合已有的文献，根据多智能体系统中领导者的数量，通常可以将多智能体系统的一致性问题分为三类：无领导者一致性问题[9, 10]、领导者-跟随者一致性或一致性跟踪问题[11, 12]（一个领导者情形）和包含控制问题[13, 14]（多个领导者情形）。

在多智能体系统的实际应用中，由于多个不同复杂任务的需求，往往需要多个领导者来完成系统的协调控制任务。所以，对于多个领导者的情形，多智能体系统的包含控制问题涌现出来。包含控制是指在多智能体系统中存在多个领导者，通过设计分布式控制协议来驱使系统中所有跟随者最终进入由领导者所形成的凸包（即特定的封闭几何空间区域）中。此外，多智能体系统包含控制问题的研究来源于一些自然现象和重要的实际应用。其中，一个显著的自然现象是雌雄蚕蛾之间的关系[13]和一个重要的实际应用是确保一组自动驾驶汽车能安全地到达目的地，而不会冒险地进入危险区域[14, 15]。在此实际应用背景下，为了节约成本和避障，只有少数车辆安装传感器（称为领导者），并通过检测周围环境中危险的障碍物来形成安全区域，其他车辆（称为跟随者）只需通过信息交换进入由领导者形成的安全区域内并跟随领导者一起运动，则可以完成安全到达指定目的地的任务。Ferrari-Trecate 等[16]基于 stop-go 策略提出了一种混杂控制协议，使得一组自治的移动智能体在运输过程中能够进入由领导者所围成的凸多面体内并到达给定的目标位置。Cao 和 Ren[17]针对一阶多智能体系统，分别在固定和切换拓扑结构下研究了包含控制问题，同时也分析讨论了静态和动态领导者的情形。此外，针对二阶多智能体系统，Cao 等[14]设计了依赖于相对位置和速度信息的包含控制协议，分别在静态和动态领导者的情况下实现了多智能体系统的渐近包含控制。

值得注意的是，考虑到实际情况，一方面，相比于相对位置信息，智能体的相对速度信息更加难以测量；另一方面，为节约成本费用，智能体之间的通信是不连续的，通常需要在采样时刻进行信息交互。因此，设计基于采样位置数据的分布式控制协议具有重要的实际意义[18]。根据以上对已有文献的讨论和分析，本章研究具有静态和动态领导者的二阶多智能体系统的包含控制问题。在静态领导者的情况下，基于邻居智能体的局部状态信息，设计一个含有控制增益的静态包含控制协议，并根据线性矩阵不等式方法和李雅普诺夫稳定性理论，得到控制增益的取值条件，从而使得多智能体系统实现静态包含控制；在动态领导者的情况下，针对二阶离散多智能体系统，设计基于采样位置数据的动态包含控制协议，通过运用代数图论和李雅普诺夫稳定性理论的相关知识，推导出增益参数和采样周期满足的条件，即离散多智能体系统在该协议下实现动态包含控制的充分条件，并证明本章提出的控制协议能确保所有跟随者可以收敛到由领导者构成的几何凸包中。

5.2　模型建立与问题描述

假设本章考虑的多智能体系统由 $M+N$ 个智能体构成，其中，第 i 个智能体的动力学方程可以描述为

$$\dot{\varphi}_i = A\varphi_i + Bu_i, \ i = 1, 2, \cdots, M+N \tag{5.1}$$

式中，$A = \begin{bmatrix} 0 & 1 \\ 0 & 0 \end{bmatrix} \otimes I_3$；$B = \begin{bmatrix} 0 \\ 1 \end{bmatrix} \otimes I_3$；$\varphi_i = [p_i^{\mathrm{T}}, v_i^{\mathrm{T}}]^{\mathrm{T}} \in \mathbb{R}^6$ 表示智能体 i 的状态向量，$p_i = [x_i, y_i, z_i]^{\mathrm{T}} \in \mathbb{R}^3$ 与 $v_i = [\dot{x}_i, \dot{y}_i, \dot{z}_i]^{\mathrm{T}} \in \mathbb{R}^3$ 分别表示智能体 i 的位置和速度状态；u_i 表示控制输入。

定义 5.1　对于一组智能体而言，如果一个智能体没有邻居智能体，那么称为领导者。反之，如果智能体有一个或多个邻居智能体，那么称为跟随者。分别定义集合 $\mathcal{M} = \{1, 2, \cdots, M\}$ 与 $\mathcal{S} = \{M+1, M+2, \cdots, M+N\}$ 为领导者与跟随者的集合。对于任意一个跟随者，如果至少存在一个领导者到该跟随者有一条有向路径，那么有向图 $\mathcal{G}$ 具有一个有向生成树。

由定义 5.1 可知，领导者之间没有通信交互，因此我们可以把拉普拉斯矩阵 $\mathcal{L}$ 写成如下形式：

$$\mathcal{L} = \begin{bmatrix} \mathcal{L}_1 & \mathcal{L}_2 \\ \mathbf{0}_{M \times N} & \mathbf{0}_{M \times M} \end{bmatrix} \tag{5.2}$$

式中，$\mathcal{L}_1 \in \mathbb{R}^{N \times N}$，$\mathcal{L}_2 \in \mathbb{R}^{N \times M}$。

定义 5.2[14]　如果任意 $x \in C$ 和 $y \in C$，$(1-\omega)x + \omega y \in C$ 对于任意 $\omega \in [0,1]$ 都成立，那么认为集合 $C \subset \mathbb{R}^m$ 是一个凸集。由有限点集 $\Xi = \{\xi_1, \xi_2, \cdots, \xi_n\}$ 构成的凸包 $\mathrm{Co}\{\Xi\}$ 是包含点集 Ξ 内所有点的最小凸集。

本章的控制目标是设计分布式控制器去解决二阶多智能体系统的包含控制问题，其定义如下所示。

定义 5.3 关于二阶多智能体系统（5.1）包含控制问题的定义为

（1）对于任意的位置初始值 $p_i(t)$，$i \in \mathcal{M} \cup \mathcal{S}$，跟随者的位置状态收敛到由领导者形成的凸包中，即 $p_i(t) \to \text{Co}\{p_j(t) \,|\, j \in \mathcal{S}\}$。

（2）对于任意的速度初始值 $v_i(t)$，$i \in \mathcal{M} \cup \mathcal{S}$，跟随者的速度状态收敛到由领导者形成的凸包中，即 $v_i(t) \to \text{Co}\{v_j(t) \,|\, j \in \mathcal{S}\}$。

注释 5.1 定义 5.3 保证所有的跟随者留在由领导者形成的安全区域之内。换句话说，每个跟随者的瞬时速度不能太大或太小，这样既可以有效地减少能源消耗，也可以降低智能体之间发生碰撞的可能性。

假设 5.1 对于每个跟随者而言，至少存在一个领导者到该跟随者之间有一条有向路径。M 个跟随者之间的通信拓扑子图 $\mathcal{G}_S$ 是无向的。

假设 5.2 每个跟随者仅仅能测量自身与其邻居的相对状态信息。

引理 5.1[19] 若假设 5.1 成立，则式（5.2）中定义的矩阵 $\mathcal{L}_1$ 的所有特征值都具有正实部。$-\mathcal{L}_1^{-1}\mathcal{L}_2$ 的每个元素都是非负的，且 $-\mathcal{L}_1^{-1}\mathcal{L}_2$ 每一行的行和都等于 1。

引理 5.2[20] 令 $M_{11}, M_{12}, M_{21}, M_{22} \in \mathbb{R}^{n \times n}$，$M = \begin{bmatrix} M_{11} & M_{12} \\ M_{21} & M_{22} \end{bmatrix}$。如果 M_{11}、M_{12}、M_{21} 和 M_{22} 两两可换，那么有 $\det(M) = \det(M_{11}M_{22} - M_{12}M_{21})$。

引理 5.3[21] 考虑如下二阶实系数多项式：

$$f(s) = a_2 s^2 + a_1 s + a_0$$

当且仅当 a_0, a_1, $a_2 > 0$ 时 $f(s)$ 是赫尔维茨稳定的。

5.3 具有静态领导者的包含控制

本节主要是讨论具有静态领导者的多智能体系统的包含控制问题。通过利用每个跟随者邻居的局部状态信息来设计分布式静态包含控制协议，并给出实现包含控制的充分条件。针对具有静态领导者的二阶多智能体系统（5.1），我们设计如下的控制协议：

$$\begin{cases} u_i = 0, \ i \in \mathcal{M} \\ u_i = K_1 \sum_{j \in \mathcal{M} \cup \mathcal{S}} a_{ij}(\varphi_j - \varphi_i), \ i \in \mathcal{S} \end{cases} \tag{5.3}$$

式中，K_1 表示待设计的常数增益矩阵。

为了符号简洁，记 $\varphi_i = [p_i^{\mathrm{T}}, v_i^{\mathrm{T}}]^{\mathrm{T}}$，$\varphi_S = [\varphi_1^{\mathrm{T}}, \cdots, \varphi_N^{\mathrm{T}}]^{\mathrm{T}}$，$\varphi_M = [\varphi_{N+1}^{\mathrm{T}}, \cdots, \varphi_{N+M}^{\mathrm{T}}]^{\mathrm{T}}$。将控制协议（5.3）代入式（5.1），则系统（5.1）可以重写为如下紧凑形式：

$$\begin{cases} \dot{\varphi}_S = (I_N \otimes A - \mathcal{L}_1 \otimes BK_1)\varphi_S - (\mathcal{L}_2 \otimes BK_1)\varphi_M \\ \dot{\varphi}_M = (I_M \otimes A)\varphi_M \end{cases} \tag{5.4}$$

定义如下包含控制误差的向量：

$$\sigma_i = \sum_{j \in \mathcal{M} \cup \mathcal{S}} a_{ij}(\varphi_i - \varphi_j), \ i \in \mathcal{S}$$

则将其写成向量形式，可得

$$\sigma = (\mathcal{L}_1 \otimes I_6)\varphi_S + (\mathcal{L}_2 \otimes I_6)\varphi_M \tag{5.5}$$

式中，$\sigma = [\sigma_1^T, \sigma_2^T, \cdots, \sigma_N^T]^T$；$\mathcal{L}_1$ 和 $\mathcal{L}_2$ 如式（5.2）中定义所示。

根据引理 5.1，我们可知，如果包含控制误差向量 σ 收敛于 0，那么可以实现具有静态领导者的二阶多智能体系统的包含控制问题。然后，由式（5.4）、式（5.5）可得

$$\dot{\sigma} = (\mathcal{L}_1 \otimes I_6)\dot{\varphi}_S + (\mathcal{L}_2 \otimes I_6)\dot{\varphi}_M$$
$$= (I_M \otimes A - \mathcal{L}_1 \otimes BK_1)\sigma \tag{5.6}$$

定理 5.1　假设多智能体之间的通信拓扑是固定的。令矩阵 P 为如下矩阵不等式的正定解：

$$A^T P + PA - PBB^T P + I \leqslant 0 \tag{5.7}$$

若假设 5.1、假设 5.2 成立，且选择常数增益矩阵 $K_1 = \dfrac{1}{2}\lambda_{\min}^{-1}(\mathcal{L}_1)B^T P$，则二阶多智能体系统（5.1）在静态包含控制协议（5.3）下能实现包含控制，其中，$\lambda_{\min}(\mathcal{L}_1)$ 表示矩阵 $\mathcal{L}_1$ 的最小特征值。

证明　构造如下的李雅普诺夫函数：

$$V_1 = \sigma^T(I_M \otimes P)\sigma \tag{5.8}$$

容易看出 V_1 是正定的。将 V_1 沿着系统（5.6）对 t 求导可得

$$\dot{V}_1 = 2\sigma^T(I_M \otimes P)\dot{\sigma}$$
$$= 2\sigma^T(I_M \otimes P)(I_M \otimes A - \mathcal{L}_1 \otimes BK_1)\sigma$$
$$= 2\sigma^T(I_M \otimes PA - \mathcal{L}_1 \otimes PBK_1)\sigma$$
$$= 2\sigma^T\left(I_M \otimes PA - \frac{1}{2}\lambda_{\min}^{-1}(\mathcal{L}_1)(\mathcal{L}_1 \otimes PBB^T P)\right)\sigma$$
$$= \sigma^T(I_M \otimes (PA + A^T P) - \lambda_{\min}^{-1}(\mathcal{L}_1)(\mathcal{L}_1 \otimes PBB^T P))\sigma \tag{5.9}$$

令 $\rho = I_M \otimes (PA + A^T P) - \lambda_{\min}^{-1}(\mathcal{L}_1)(\mathcal{L}_1 \otimes PBB^T P)$，于是有

$$\rho \leqslant I_M \otimes ((PA + A^T P) - \lambda_{\min}^{-1}(\mathcal{L}_1) \cdot \lambda_{\min}(\mathcal{L}_1)PBB^T P)$$
$$= I_M \otimes (PA + A^T P - PBB^T P)$$
$$\leqslant I_M \otimes (-I) < 0$$

进一步地，结合式（5.9）可知 $\dot{V}_1 < 0$。通过李雅普诺夫稳定性理论，可以得到误差系统（5.6）是稳定的。这意味着当时间 t 趋近于无穷大时，包含控制误差向量 σ 趋近于 0。根据引理 5.1，我们可以得到

$$\varphi_S \to -(\mathcal{L}_1^{-1}\mathcal{L}_2 \otimes I_6)\varphi_M$$

即当时间 t 趋近于无穷大时，$p_S(t) \to -(\mathcal{L}_1^{-1}\mathcal{L}_2 \otimes I_6)p_M(0)$，$v_S(t) \to 0$，其中 $p_M(0) =$

$(p_1^{\mathrm{T}}(0), p_2^{\mathrm{T}}(0), \cdots, p_M^{\mathrm{T}}(0))^{\mathrm{T}}$。因此，具有静态领导者的二阶多智能体系统的包含控制问题得到解决。定理 5.1 得证。□

注释 5.2　值得注意的是，由于领导者是静止的，容易得到 $p_{\mathcal{M}}(t) = p_{\mathcal{M}}(0)$ 和 $v_{\mathcal{S}}(t) = v_{\mathcal{S}}(0) = 0$，则当时间 t 趋近于无穷大时，跟随者的最终状态信息有 $\varphi_{\mathcal{S}} \to -(\mathcal{L}_1^{-1}\mathcal{L}_2 \otimes I_{2n})\varphi_{\mathcal{M}}(0)$ 成立。由此断定，跟随者的最终位置状态信息收敛到 $-(\mathcal{L}_1^{-1}\mathcal{L}_2 \otimes I_{2n})p_{\mathcal{M}}(0)$，并且其最终速度状态收敛到 0。

进一步来说，以上提出的控制协议在实际应用中仍然有一些限制。一方面，对于实际中的智能体而言，不可能只在静止状态去完成各种不同的复杂任务；另一方面，智能体之间进行信息接收和传输时难免会产生能源消耗问题，所以智能体之间一直保持通信是不现实的。因此，综合以上问题考虑，控制协议（5.3）不再适用于动态领导者的情形。将在 5.4 节提出新的方法去解决这些问题。

5.4　具有动态领导者的包含控制

在本节中，我们考虑智能体之间在采样时刻进行通信，每一个智能体通过从邻居智能体接收的采样信息来更新其当前状态。假定采样时间序列 $\{t_k \mid_{k=0}^{+\infty}\}$ 满足 $0 \leqslant t_0 < t_1 < \cdots < t_k < \cdots$，且正常数 $h = t_{k+1} - t_k$ 为采样周期。根据文献[22]中的方法，将二阶多智能体系统（5.1）离散化可得

$$\begin{cases} p_i(t_{k+1}) = p_i(t_k) + hv_i(t_k) + \dfrac{1}{2}h^2 u_i(t_k) \\ v_i(t_{k+1}) = v_i(t_k) + hu_i(t_k) \end{cases} \tag{5.10}$$

注意到，离散系统（5.10）是基于零阶保持器方法而得到的精确离散时间动力学方程。

注释 5.3　在实际应用中，给每个智能体装载速度传感器是不现实的，这样会导致难以测量智能体的速度信息。为了利用更少的信息和节省能源、成本、空间、重量，实际系统中的智能体通常需要在某一时间间隔内才进行信息交互。所以，基于采样数据设计控制协议是有意义的[23]。

受到课题组关于采样数据算法相关工作的启发[18,23]，为了实现具有动态领导者的二阶离散多智能体系统的包含控制，我们提出如下仅利用采样位置数据的动态包含控制协议：

$$\begin{cases} u_i(t) = 0, \ i \in \mathcal{M} \\ u_i(t) = b \sum_{j \in \mathcal{M} \cup \mathcal{S}} a_{ij} \left(\dfrac{p_j(t_k) - p_j(t_{k-1})}{h} - \dfrac{p_i(t_k) - p_i(t_{k-1})}{h} \right), \ i \in \mathcal{S} \end{cases} \tag{5.11}$$

式中，$t \in [t_k, t_{k+1})$，b 是待设计的正常数增益。从式（5.10）和式（5.11）可以看出，每一个领导者的速度都是常数。

根据提出的动态包含控制协议和式（5.2）中定义的拉普拉斯矩阵 $\mathcal{L}$，离散多智能体系统（5.10）可以写成如下紧凑形式：

$$
\begin{cases}
p_S(t_{k+1}) = \left(I_N - \dfrac{1}{2}hb\mathcal{L}_1\right)p_S(t_k) - \dfrac{1}{2}hb\mathcal{L}_2 p_{\mathcal{M}}(t_k) + \dfrac{1}{2}hb\mathcal{L}_1 p_S(t_{k-1}) + \dfrac{1}{2}hb\mathcal{L}_2 p_{\mathcal{M}}(t_{k-1}) + hv_S(t_k) \\
v_S(t_{k+1}) = v_S(t_k) - b\mathcal{L}_1 p_S(t_k) - b\mathcal{L}_2 p_{\mathcal{M}}(t_k) + b\mathcal{L}_1 p_S(t_{k-1}) + b\mathcal{L}_2 p_{\mathcal{M}}(t_{k-1}) \\
p_{\mathcal{M}}(t_{k+1}) = p_{\mathcal{M}}(t_k) + hv_{\mathcal{M}}(t_k) \\
v_{\mathcal{M}}(t_{k+1}) = v_{\mathcal{M}}(t_k)
\end{cases}
$$

$$(5.12)$$

令 $\hat{p}(t_k) = \mathcal{L}_1 p_S(t_k) + \mathcal{L}_2 p_{\mathcal{M}}(t_k)$，$\hat{v}(t_k) = \mathcal{L}_1 v_S(t_k) + \mathcal{L}_2 v_{\mathcal{M}}(t_k)$，$\eta(t_k) = [\hat{p}^{\mathrm{T}}(t_k), \hat{v}^{\mathrm{T}}(t_k), \hat{p}^{\mathrm{T}}(t_{k-1}), \hat{v}^{\mathrm{T}}(t_{k-1})]^{\mathrm{T}}$，则通过矩阵计算可得

$$\eta(t_{k+1}) = E\eta(t_k) \tag{5.13}$$

式中，

$$
E = \begin{bmatrix}
I_N - \dfrac{1}{2}hb\mathcal{L}_1 & hI_N & \dfrac{1}{2}hb\mathcal{L}_1 & 0 \\
-b\mathcal{L}_1 & I_N & b\mathcal{L}_1 & 0 \\
I_N & 0 & 0 & 0 \\
0 & I_N & 0 & 0
\end{bmatrix}
$$

通过引理 5.1，我们可以得出 $t_k \to \infty$ 时 $\eta(t_k) \to 0$，则离散多智能体系统（5.10）可以实现动态包含控制的任务。

在介绍定理 5.2 之前，我们首先需要给出一个在下面定理证明中起关键作用的引理。

引理 5.4　多项式

$$s^3 + a_1 s^2 + a_2 s + a_3 = 0 \tag{5.14}$$

所有的根都在单位圆内当且仅当以下多项式

$$(1 + a_1 + a_2 + a_3)t^3 + (3 + a_1 - a_2 - 3a_3)t^2 + (3 - a_1 - a_2 + 3a_3)t + 1 - a_1 + a_2 - a_3 = 0 \tag{5.15}$$

的全部根位于坐标轴的左半开平面，其中 $a_1, a_2, a_3 \in \mathbb{C}$。

证明　基于文献[24]，对式（5.14）采用双线性变换 $t = (s+1)/(s-1)$，我们可以很容易地得到多项式（5.15）。从文献[25]可以很明显地看出，双线性变换可以将左半开平面一对一映射到单位圆的内部。引理 5.4 证明完毕。□

定理 5.2　假设多智能体之间的通信拓扑是固定的。若假设 5.1、假设 5.2 成立，且增益 b 和采样周期 h 满足以下条件：

$$b > 0, \quad 0 < hb < \frac{2}{\lambda_{\max}(\mathcal{L}_1)} \tag{5.16}$$

则二阶离散多智能体系统（5.10）在控制协议（5.11）下能实现动态包含控制，其中，$\lambda_{\max}(\mathcal{L}_1)$ 表示矩阵 $\mathcal{L}_1$ 的最大特征值。

证明　令 $f(\lambda)$ 表示矩阵 E 的特征多项式。根据引理 5.2 可以求出矩阵 E 的特征多项式为

$$f(\lambda) = \det(\lambda I_{4N} - E)$$

$$= \det\begin{pmatrix} (\lambda-1)I_N + \frac{1}{2}hb\mathcal{L}_1 & -hI_N & -\frac{1}{2}hb\mathcal{L}_1 & 0 \\ b\mathcal{L}_1 & (\lambda-1)I_N & -b\mathcal{L}_1 & 0 \\ -I_N & 0 & \lambda I_N & 0 \\ 0 & -I_N & 0 & \lambda I_N \end{pmatrix}$$

$$= \prod_{i=1}^{N} \lambda\left[\lambda^3 + \left(\frac{1}{2}hb\lambda_i(\mathcal{L}_1) - 2\right)\lambda^2 + \lambda - \frac{1}{2}hb\lambda_i(\mathcal{L}_1)\right]$$

式中，$\lambda_i(\mathcal{L}_1) > 0$，$i \in \mathcal{S}$ 是矩阵 $\mathcal{L}_1$ 的特征值。因此，特征方程 $f(\lambda) = 0$ 的解满足

$$\lambda\left[\lambda^3 + \left(\frac{1}{2}hb\lambda_i(\mathcal{L}_1) - 2\right)\lambda^2 + \lambda - \frac{1}{2}hb\lambda_i(\mathcal{L}_1)\right] = 0 \qquad (5.17)$$

这表明对于每个 $\lambda_i(\mathcal{L}_1)$，矩阵 E 总有一个特征值为 0。由稳定性理论可得，如果系统（5.13）稳定（即 $\lambda \neq 0$ 时，式（5.17）的全部根都在单位圆内），那么当 $t_k \to \infty$ 时 $\eta(t_k) \to 0$ 成立。于是，在下面的讨论中，我们主要研究当 $\lambda \neq 0$ 时，在什么条件下矩阵 E 的全部特征值都位于单位圆内。

令 $\overline{f}(\lambda) = \lambda^3 + \left(\frac{1}{2}hb\lambda_i(\mathcal{L}_1) - 2\right)\lambda^2 + \lambda - \frac{1}{2}hb\lambda_i(\mathcal{L}_1) = 0$。从引理 5.4 可知，若多项式

$$2hb\lambda_i(\mathcal{L}_1)t^2 + (4 - 2hb\lambda_i(\mathcal{L}_1))t + 4 = 0$$

所有根都在左半开平面内，则矩阵 E 的全部特征值均在单位圆内。根据引理 5.3，我们可以得出 $b > 0$，$0 < hb < \dfrac{2}{\lambda_i(\mathcal{L}_1)}$，其相当于定理 5.2 中的条件（5.16），则当 t_k 趋近于无穷大时，$\eta(t_k)$ 收敛到 0。因此，根据引理 5.1，我们可以得出结论 $p_{\mathcal{S}}(t_k) \to -\mathcal{L}_1^{-1}\mathcal{L}_2 p_{\mathcal{M}}(t_k)$ 和 $v_{\mathcal{S}}(t_k) \to -\mathcal{L}_1^{-1}\mathcal{L}_2 v_{\mathcal{M}}(t_k)$。值得注意的是，动态领导者的速度是常数（即 $v_{\mathcal{M}}(t) = v_{\mathcal{M}}(0)$），所以当时间 t 趋近于无穷大时，有 $p_{\mathcal{S}}(t) \to -\mathcal{L}_1^{-1}\mathcal{L}_2 p_{\mathcal{M}}(t)$ 和 $v_{\mathcal{S}}(t) \to -\mathcal{L}_1^{-1}\mathcal{L}_2 v_{\mathcal{M}}(0)$ 成立，这意味着在控制协议（5.11）下，二阶离散多智能体系统（5.10）的动态包含控制问题得到解决。定理 5.2 得证。□

注释 5.4　值得注意的是，本节中提出的分布式控制协议（5.11）可以在每个采样间隔内驱使跟随者的状态收敛到由动态领导者构成的凸包中。换而言之，对

于 $t \in [t_k, t_{k+1}]$，所有跟随者的位置均收敛于 $p_S(t) \rightarrow -\mathcal{L}_1^{-1}\mathcal{L}_2 p_{\mathcal{M}}(t_k)$，并且跟随者的速度均收敛于 $v_S(t) \rightarrow -\mathcal{L}_1^{-1}\mathcal{L}_2 v_{\mathcal{M}}(0)$。

注释 5.5　与 5.3 节中的协议（5.3）不同的是，控制协议（5.11）可以解决在许多实际工程应用中存在的一些局限性问题，前面已经提到过，这里不再赘述。

5.5　数值仿真

本节将给出两个数值仿真例子去验证本章所提出的包含控制协议的有效性。为了便于说明，我们选取多智能体系统的通信拓扑图，其中编号 1～5 为跟随者，编号 6～13 为领导者。从图 5.1 中很容易验证，假设 5.1、假设 5.2 都成立。

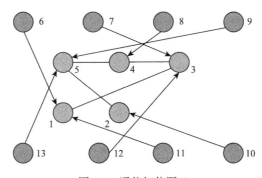

图 5.1　通信拓扑图 $\mathcal{G}$

例 5.1　当领导者静止时，我们在多智能体系统中考虑 8 个静态的领导者和 5 个跟随者，其中静态的领导者初始地分布在立方体的各个顶点上，跟随者的初始状态随机选取。于是，所有智能体的初始状态可以选为

$$x(0) = [8,12,15,15,6,60,60,80,80,60,60,80,80]$$
$$y(0) = [4,15,8,6,9,60,80,80,60,80,80,60]$$
$$z(0) = [6,10,15,10,8,60,60,60,60,80,80,80,80]$$
$$v_x(0) = [5,-5,3,1,-1,0,0,0,0,0,0,0,0]$$
$$v_y(0) = [4,-2,2,3,1,0,0,0,0,0,0,0,0]$$
$$v_z(0) = [4,-4,2,5,2,0,0,0,0,0,0,0,0]$$

接着，在控制协议（5.3）的作用下，智能体的位置轨迹图如图 5.2 所示。从图 5.2 中可以看到，所有跟随者（空心圆圈）最终收敛于由领导者（实心圆圈）形成的静态凸包中（三维空间中的立方体）。图 5.3～图 5.5 给出在控制协议（5.3）下多智能体系统的速度轨迹，可以看出所有跟随者的速度状态最终收敛到 0，即仿真结果与本章理论结果是一致的。

例 5.2 当领导者是动态的时，与例 5.1 类似，所有智能体的初始状态可以选为

$$x(0) = [8, 2, 3, 5, 6, 10, 10, 30, 30, 10, 10, 30, 30]$$
$$y(0) = [4, 3, 8, 6, 9, 10, 30, 30, 10, 10, 30, 30, 10]$$
$$z(0) = [6, 2, 3, 5, 8, 10, 10, 10, 10, 30, 30, 30, 30]$$
$$v_x(0) = [5, 5, 3, 2, 1, 10, 10, 10, 10, 10, 10, 10, 10]$$
$$v_y(0) = [4, 2, 2, 1, 3, 10, 10, 10, 10, 10, 10, 10, 10]$$
$$v_z(0) = [4, 4, 2, 5, 1, 10, 10, 10, 10, 10, 10, 10, 10]$$

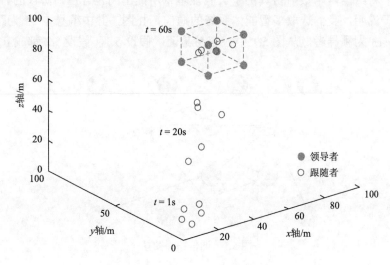

图 5.2　控制协议（5.3）下，智能体的位置轨迹图

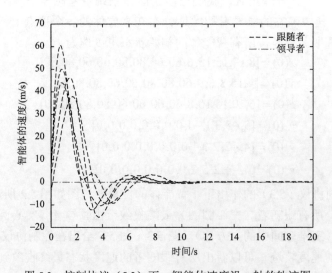

图 5.3　控制协议（5.3）下，智能体速度沿 x 轴的轨迹图

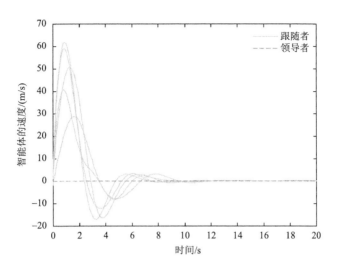

图 5.4　控制协议（5.3）下，智能体速度沿 y 轴的轨迹图

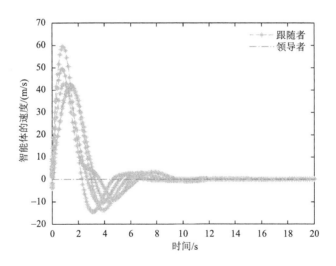

图 5.5　控制协议（5.3）下，智能体速度沿 z 轴的轨迹图

选择采样周期 $h=0.2\text{s}$ 和增益 $b=1$，则容易看出其满足定理 5.2 中的条件（5.16）。在包含控制协议（5.11）下，二阶离散多智能体系统（5.10）的仿真结果如图 5.6～图 5.9 所示。显然地，图 5.6 描述了所有智能体的位置轨迹，即所有跟随者（空心圆圈）的位置状态最终收敛到领导者（实心圆圈）位置状态构成的动态凸包中（三维空间中的立方体）。由图 5.7～图 5.9 可知，跟随者的速度最终与领导者的初始速度相同，即所有跟随者进入由领导者形成的凸包中并一直保持在该几何凸包中

运动。综上所述，本例的仿真结果证明了本章理论结果的有效性，且与本章得到的理论结果是相同的。但是，多智能体系统（5.10）在 $h=0.3\text{s}$ 和 $b=2.5$ 下不能实现包含控制，如图 5.10～图 5.13 所示。

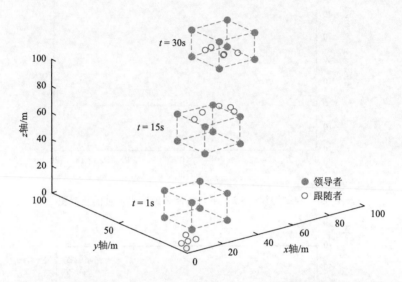

图 5.6　控制协议（5.11）下，$h=0.2\text{s}$ 和 $b=1$ 时智能体的位置轨迹图

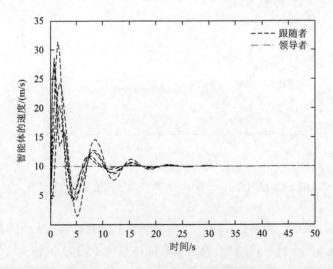

图 5.7　控制协议（5.11）下，$h=0.2\text{s}$ 和 $b=1$ 时智能体速度沿 x 轴的轨迹图

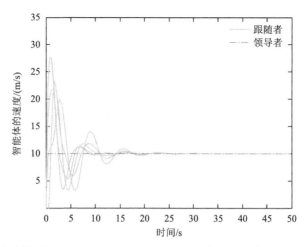

图 5.8 控制协议（5.11）下，$h = 0.2s$ 和 $b = 1$ 时智能体速度沿 y 轴的轨迹图

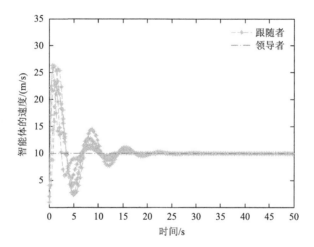

图 5.9 控制协议（5.11）下，$h = 0.2s$ 和 $b = 1$ 时智能体速度沿 z 轴的轨迹图

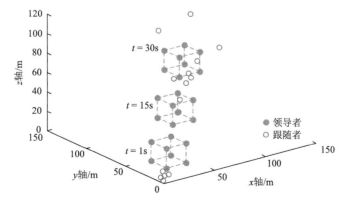

图 5.10 控制协议（5.11）下，$h = 0.3s$ 和 $b = 2.5$ 时智能体的位置轨迹图

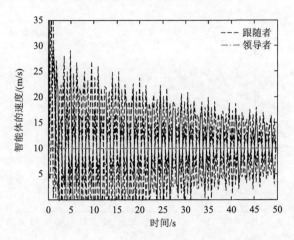

图 5.11 控制协议（5.11）下，$h = 0.3$s 和 $b = 2.5$ 时智能体速度沿 x 轴的轨迹图

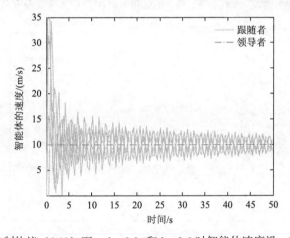

图 5.12 控制协议（5.11）下，$h = 0.3$s 和 $b = 2.5$ 时智能体速度沿 y 轴的轨迹图

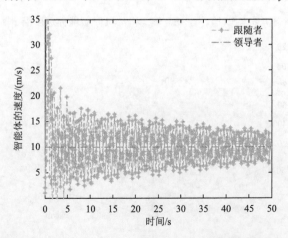

图 5.13 控制协议（5.11）下，$h = 0.3$s 和 $b = 2.5$ 时智能体速度沿 z 轴的轨迹图

5.6　本　章　小　结

　　针对具有静态和动态领导者的二阶多智能体系统的包含控制问题，本章分别给出了基于邻居局部状态信息和采样位置数据的包含控制算法。主要内容包括：当领导者静止时（即速度为 0），基于邻居智能体相对状态信息，提出了具有控制增益的包含控制协议，并通过线性矩阵不等式方法和李雅普诺夫稳定性理论，推导出了在该控制协议的作用下多智能体系统实现静态包含控制的充分条件；当领导者运动时（即速度为常数），基于采样位置数据设计了动态包含控制协议，通过运用代数图论和李雅普诺夫稳定性理论的相关知识，得到了二阶离散多智能体系统实现动态包含控制时增益参数和采样周期所满足的充分条件；最后，通过数值仿真实例验证了本章理论结果的有效性。

参 考 文 献

[1]　Hong Y，Hu J，Gao L. Tracking control for multi-agent consensus with an active leader and variable topology[J]. Automatica，2006，42（7）：1177-1182.

[2]　Yu W，Chen G，Cao M. Some necessary and sufficient conditions for second-order consensus in multi-agent dynamical systems[J]. Automatica，2010，46（6）：1089-1095.

[3]　Du H，He Y，Cheng Y. Finite-time synchronization of a class of second-order nonlinear multi-agent systems using output feedback control[J]. IEEE Transactions on Circuits and Systems I：Regular Papers，2014，61（6）：1778-1788.

[4]　Trentelman H L，Takaba K，Monshizadeh N. Robust synchronization of uncertain linear multi-agent systems[J]. IEEE Transactions on Automatic Control，2013，58（6）：1511-1523.

[5]　Hung S M，Givigi S N. A Q-learning approach to flocking with UAVs in a stochastic environment[J]. IEEE Transactions on Cybernetics，2017，47（1）：186-197.

[6]　Pei H，Chen S，Lai Q. A local flocking algorithm of multi-agent dynamic systems[J]. International Journal of Control，2015，88（11）：2242-2249.

[7]　Oh K K，Park M C，Ahn H S. A survey of multi-agent formation control[J]. Automatica，2015，53（C）：424-440.

[8]　Xiao F，Wang L，Chen J，et al. Finite-time formation control for multi-agent systems[J]. Automatica，2009，45（11）：2605-2611.

[9]　Guan Z H，Liu Z W，Feng G，et al. Impulsive consensus algorithms for second-order multi-agent networks with sampled information[J]. Automatica，2012，48（7）：1397-1404.

[10]　Ni W，Cheng D. Leader-following consensus of multi-agent systems under fixed and switching topologies[J]. Systems and Control Letters，2010，59（3）：209-217.

[11]　Ji M，Ferrari-Trecate G，Egerstedt M，et al. Containment control in mobile networks[J]. IEEE Transactions on Automatic Control，2008，53（8）：1972-1975.

[12]　Meng Z，Ren W，You Z. Distributed finite-time attitude containment control for multiple rigid bodies[J]. Automatica，2010，46（12）：2092-2099.

[13]　Notarstefano G，Egerstedt M，Haque M. Containment in leader-follower networks with switching communication

topologies[J]. Automatica, 2011, 47 (5): 1035-1040.

[14] Cao Y, Stuart D, Ren W, et al. Distributed containment control for multiple autonomous vehicles with double-integrator dynamics: Algorithms and experiments[J]. IEEE Transactions on Control Systems Technology, 2011, 19 (4): 929-938.

[15] Liu H, Xie G, Wang L. Necessary and sufficient conditions for containment control of networked multi-agent systems[J]. Automatica, 2012, 48 (7): 1415-1422.

[16] Ferrari-Trecate G, Egerstedt M, Buffa A, et al. Laplacian Sheep: A Hybrid, Stop-Go Policy for Leader-Based Containment Control[M]. Hybrid Systems: Computation and Control. Berlin: Springer, 2006: 212-226.

[17] Cao Y, Ren W. Containment control with multiple stationary or dynamic leaders under a directed interaction graph[C]. Proceedings of the 48th IEEE Conference on Decision and Control, Shanghai, 2009: 3014-3019.

[18] Guan Z H, Han G S, Li J, et al. Impulsive multiconsensus of second-order multiagent networks using sampled position data[J]. IEEE Transactions on Neural Networks and Learning Systems, 2015, 26 (11): 2678-2688.

[19] Dong X, Li Q, Ren Z, et al. Formation-containment control for high-order linear time-invariant multi-agent systems with time delays[J]. Journal of the Franklin Institute, 2015, 352 (9): 3564-3584.

[20] Kovacs I, Silver D S, Williams S G. Determinants of commuting-block matrices[J]. American Mathematical Monthly, 1999, 106 (10): 950-952.

[21] Parks P C, Hahn V. Stability Theory[M]. Upper Saddle River: Prentice Hall, 1992.

[22] Franklin G F, Powell J D, Workman M L. Digital Control of Dynamic Systems[M]. Menlo Park: Addison-Wesley, 2006.

[23] Xu G H, Guan Z H, He D X, et al. Distributed tracking control of second-order multi-agent systems with sampled data[J]. Journal of the Franklin Institute, 2014, 351 (10): 4786-4801.

[24] Jovanović Z, Danković B. On the probability stability of discrete-time control systems[J]. Facta Universitatis-Series Electronics and Energetics, 2004, 17 (1): 11-20.

[25] Cao Y, Ren W. Multi-vehicle coordination for double-integrator dynamics under fixed undirected/directed interaction in a sampled-data setting[J]. International Journal of Robust and Nonlinear Control, 2010, 20 (9): 987-1000.

第6章 基于干扰观测器的多智能体系统包含控制问题

6.1 概　　述

值得注意的是，大部分有关多智能体系统包含控制的工作主要是利用邻居智能体的相对信息来设计包含控制器的。然而，这有可能是不现实的，主要是因为在许多实际应用中，智能体的完整状态信息通常是不可获得的。因此，通过状态反馈的方法来研究多智能体系统的包含控制问题具有十分显著的意义。基于此，Dong 等[1]利用动态输出反馈方法研究了高阶线性时不变系统的输出包含控制问题，得到了系统在有向拓扑下完成输出包含控制的充分必要条件，实现了跟随者的输出收敛到由领导者输出构成的凸包中。此外，众所周知的是，实际工程应用中成本因素的制约，使得智能体的状态信息难以获得或者不能直接测量。因此，很有必要设计基于观测器的控制协议去克服上述的缺点。受此启发，Wen 等[2]基于动态输出反馈方法解决了高阶多智能体系统在有向通信拓扑下的包含控制问题，只利用邻居智能体的相对输出测量信息提出了基于观测器的包含控制协议，得到了保证多智能体系统实现包含控制的频域和时域形式的充分条件。

在现有多智能体系统的包含控制问题中，大部分没有考虑外界干扰的影响。然而，在实际应用过程中会不可避免地产生未知的外部扰动。因此，扰动抑制是多智能体系统控制器设计中一个特别重要的问题[3, 4]。受到文献[3]、[5]、[6]的启发，我们在本章中将采用基于干扰观测器的控制方法去解决多智能体系统在外部干扰影响下的包含控制问题，其中考虑状态反馈控制和输出反馈控制的情形。如果系统能获得智能体的状态信息，那么设计基于干扰观测器的分布式控制协议去实现多智能体系统的状态反馈包含控制；如果系统不能获得智能体的状态信息，那么设计基于干扰观测器和状态观测器的控制协议来实现多智能体系统的输出反馈包含控制。

6.2 问 题 描 述

本章考虑的多智能体系统由 $N + M$ 个智能体构成，其中，第 i 个智能体的动力学方程可以描述为

$$\begin{cases} \dot{x}_i(t) = Ax_i(t) + Bu_i(t) + Dd_i(t) \\ y_i(t) = Cx_i(t) \end{cases} \tag{6.1}$$

式中，$x_i \in \mathbb{R}^n$、$u_i \in \mathbb{R}^m$ 和 $y_i \in \mathbb{R}^r$ 分别表示智能体 i 的状态、控制输入和输出信息；矩阵 A、B、C 和 D 都是适当维数的常数矩阵；$d_i \in \mathbb{R}^s$，$i = 1, 2, \cdots, N$ 是外部干扰变量，其可以由以下的线性辅助系统产生

$$\dot{d}_i(t) = S d_i(t) \tag{6.2}$$

式中，矩阵 S 也是适当维数的常数矩阵。

同样地，不失一般性，假定多智能体系统（6.1）由 N 个跟随者（记为 $1, 2, \cdots, N$）和 M 个领导者（记为 $N+1, N+2, \cdots, N+M$）构成。令 $\mathcal{S} = \{1, \cdots, N\}$ 和 $\mathcal{M} = \{N+1, \cdots, N+M\}$ 分别表示跟随者和领导者的集合。相应地，$N+M$ 个智能体之间的拉普拉斯矩阵可以表示为如下的形式：

$$\mathcal{L} = \begin{bmatrix} \mathcal{L}_1 & \mathcal{L}_2 \\ \mathbf{0}_{M \times N} & \mathbf{0}_{M \times M} \end{bmatrix}$$

式中，$\mathcal{L}_1 \in \mathbb{R}^{N \times N}$，$\mathcal{L}_2 \in \mathbb{R}^{N \times M}$。

假设 6.1 外部干扰是匹配的，即存在矩阵 F 使得 $D = BF$ 成立。

假设 6.2 对于每个跟随者而言，至少存在一个领导者到该跟随者有一条有向的路径。

本章的控制目标是设计基于干扰观测器的控制协议来解决多智能体系统的包含控制问题，其定义如下：

定义 6.1 若对于任意的初始状态值 $x_i(0)$，$i \in \mathcal{S} \bigcup \mathcal{M}$，存在 $\lim\limits_{t \to \infty} \| x_i(t) - \mathrm{Co}(x_j(t)) \| = 0$，$i \in \mathcal{S}$，$j \in \mathcal{M}$，则称多智能体系统（6.1）及外部干扰系统（6.2）可以实现包含控制，其中，$\mathrm{Co}(x_j) = \left\{ \sum\limits_{j=N+1}^{N+M} \alpha_j x_j \mid \alpha_j \geqslant 0, \sum\limits_{j=N+1}^{N+M} \alpha_j = 1 \right\}$。

引理 6.1[7] 若 a 和 b 是非负实数，p 和 q 是正实数且满足 $\dfrac{1}{p} + \dfrac{1}{q} = 1$，则有

$$ab \leqslant \frac{a^p}{p} + \frac{b^q}{q}$$。

引理 6.2[8] 若假设 6.2 成立，则矩阵 $\mathcal{L}_1$ 的所有特征值都具有正实部，$-\mathcal{L}_1^{-1} \mathcal{L}_2$ 中的每个元素都是非负的，且 $-\mathcal{L}_1^{-1} \mathcal{L}_2$ 每一行的行和都等于 1。

6.3   具有干扰观测器的状态反馈包含控制

本节主要讨论的是具有干扰观测器多智能体系统的状态反馈包含控制问题。基于状态反馈控制的方法设计干扰观测器来估计系统（6.1）中未知的干扰项 $d_i(t)$。针对多智能体系统（6.1）及外部干扰系统（6.2），设计如下基于干扰观测器的包含控制协议：

$$\begin{cases} u_i(t) = 0, \ i \in \mathcal{M} \\ u_i(t) = K_1 \displaystyle\sum_{j \in \mathcal{M} \cup \mathcal{S}} a_{ij}(x_i(t) - x_j(t)) - F\hat{d}_i(t), \ i \in \mathcal{S} \end{cases} \tag{6.3}$$

式中，$\hat{d}_i(t)$ 产生于

$$\begin{cases} \hat{d}_i(t) = z_i(t) + Hx_i(t) \\ \dot{z}_i(t) = (S - HD)\hat{d}_i(t) - H(Ax_i(t) + Bu_i(t)) \end{cases} \tag{6.4}$$

式中，$\hat{d}_i(t)$ 为干扰估计向量；$z_i(t)$ 为观测器的内部状态向量，反馈增益 K_1 和观测器增益 H 为待设计的常数矩阵。那么，在包含控制协议（6.3）的作用下，多智能体系统（6.1）可以表示为

$$\begin{cases} \dot{x}_i(t) = Ax_i(t), \ i \in \mathcal{M} \\ \dot{x}_i(t) = Ax_i(t) + BK_1 \displaystyle\sum_{j \in \mathcal{M} \cup \mathcal{S}} a_{ij}(x_i(t) - x_j(t)) - BF\hat{d}_i(t) + Dd_i(t), \ i \in \mathcal{S} \end{cases} \tag{6.5}$$

定理 6.1　假定假设 6.1、假设 6.2 成立。若反馈增益 $K_1 = -\gamma B^{\mathrm{T}} P$ 和观测器增益 $H = Q^{-1}D^{\mathrm{T}}$，其中，$\gamma \geqslant \dfrac{1}{\lambda_{\min}(\mathcal{L}_1)}$ 是正常数，P、Q 分别是如下两个矩阵不等式的正定解：

$$A^{\mathrm{T}}P + PA - 2PBB^{\mathrm{T}}P + \varepsilon_1 I < 0 \tag{6.6}$$

$$S^{\mathrm{T}}Q + QS - 2D^{\mathrm{T}}D + \varepsilon_2 I < 0 \tag{6.7}$$

式中，正常数 $\varepsilon_1 \geqslant \lambda_{\max}(D^{\mathrm{T}}PPD)$，$\varepsilon_2 = \lambda_{\max}^2(\mathcal{L}_1)$，$\lambda_{\min}(\cdot)$ 与 $\lambda_{\max}(\cdot)$ 分别表示矩阵的最小特征值和最大特征值，则多智能体系统（6.1）及外部干扰系统（6.2）在基于干扰观测器的包含控制协议（6.3）下可以实现状态反馈包含控制。

证明　为了便于包含控制问题的分析，令 $e_i(t) = d_i(t) - \hat{d}_i(t)$，$i = 1, 2, \cdots, N$，则从式（6.2）和式（6.4）可得

$$\begin{aligned} \dot{e}_i(t) &= \dot{d}_i(t) - \dot{\hat{d}}_i(t) \\ &= Sd_i(t) - \dot{z}_i(t) - H\dot{x}_i(t) \\ &= Sd_i(t) - (S - HD)\hat{d}_i(t) + H(Ax_i(t) + Bu_i(t)) - H\dot{x}_i(t) \\ &= (S - HD)e_i(t) \end{aligned}$$

然后，定义包含误差向量 $\sigma_i(t) = \displaystyle\sum_{j \in \mathcal{M} \cup \mathcal{S}} a_{ij}(x_i(t) - x_j(t))$，$i = 1, 2, \cdots, N$，其可以改写成如下向量形式：

$$\sigma(t) = (\mathcal{L}_1 \otimes I)x_{\mathcal{S}}(t) + (\mathcal{L}_2 \otimes I)x_{\mathcal{M}}(t) \tag{6.8}$$

式中，$\sigma = \mathrm{col}(\sigma_1, \sigma_2, \cdots, \sigma_N)$，$x_{\mathcal{S}} = \mathrm{col}(x_1, x_2, \cdots, x_N)$，$x_{\mathcal{M}} = \mathrm{col}(x_{N+1}, x_{N+2}, \cdots, x_{N+M})$。令 $e = \mathrm{col}(e_1, e_2, \cdots, e_N)$，$d = \mathrm{col}(d_1, d_2, \cdots, d_N)$，$\hat{d} = \mathrm{col}(\hat{d}_1, \hat{d}_2, \cdots, \hat{d}_N)$，则从式（6.5）和 $D = BF$ 可得

$$\begin{cases} \dot{e}(t) = (I \otimes (S - HD))e(t) \\ \dot{x}_{\mathcal{M}}(t) = (I \otimes A)x_{\mathcal{M}}(t) \\ \dot{x}_S(t) = (I \otimes A + \mathcal{L}_1 \otimes BK_1)x_S(t) + (\mathcal{L}_2 \otimes BK_1)x_{\mathcal{M}}(t) - (I \otimes BF)\hat{d}(t) + (I \otimes D)d(t) \\ \qquad = (I \otimes A + \mathcal{L}_1 \otimes BK_1)x_S(t) + (\mathcal{L}_2 \otimes BK_1)x_{\mathcal{M}}(t) + (I \otimes D)e(t) \end{cases}$$

那么，包含误差向量 $\sigma(t)$ 对 t 求导可得

$$\begin{aligned} \dot{\sigma}(t) &= (\mathcal{L}_1 \otimes I)\dot{x}_S(t) + (\mathcal{L}_2 \otimes I)\dot{x}_{\mathcal{M}}(t) \\ &= (I \otimes A + \mathcal{L}_1 \otimes BK_1)\sigma(t) + (\mathcal{L}_1 \otimes D)e(t) \end{aligned}$$

构造如下的李雅普诺夫函数：

$$V = \sigma^T(t)(I \otimes P)\sigma(t) + e^T(t)(I \otimes Q)e(t)$$

则通过以上 $\dot{e}(t)$ 和 $\dot{\sigma}(t)$ 的表达式可以得到

$$\begin{aligned} \dot{V} &= 2\sigma^T(t)(I \otimes P)\dot{\sigma}(t) + 2e^T(t)(I \otimes Q)\dot{e}(t) \\ &= 2\sigma^T(t)(I \otimes P)((I \otimes A + \mathcal{L}_1 \otimes BK_1)\sigma(t) + (\mathcal{L}_1 \otimes D)e(t)) \\ &\quad + 2e^T(t)(I \otimes Q)(I \otimes (S - HD))e(t) \\ &= 2\sigma^T(t)(I \otimes PA + \mathcal{L}_1 \otimes PBK_1)\sigma(t) + 2\sigma^T(t)(\mathcal{L}_1 \otimes PD)e(t) \\ &\quad + 2e^T(t)(I \otimes (QS - QHD))e(t) \\ &= \sigma^T(t)(I \otimes (PA + A^TP) + \mathcal{L}_1 \otimes (PBK_1 + K_1^T B^T P))\sigma(t) + 2\sigma^T(t)(\mathcal{L}_1 \otimes PD)e(t) \\ &\quad + e^T(t)(I \otimes (QS + S^T Q - QHD - D^T H^T Q))e(t) \end{aligned} \qquad (6.9)$$

根据引理 6.1 中 Young 不等式，我们可以直接地推出

$$\begin{aligned} 2\sigma^T(t)(\mathcal{L}_1 \otimes PD)e(t) &\le \sigma^T(t)(I \otimes D^T PPD)\sigma(t) + \lambda_{\max}^2(\mathcal{L}_1)e^T(t)e(t) \\ &\le \lambda_{\max}(D^T PPD)\sigma^T(t)\sigma(t) + \lambda_{\max}^2(\mathcal{L}_1)e^T(t)e(t) \qquad (6.10) \end{aligned}$$

将式（6.10）代入式（6.9）中得出

$$\begin{aligned} \dot{V} &\le \sigma^T(t)(I \otimes (PA + A^TP) + \mathcal{L}_1 \otimes (PBK_1 + K_1^T B^T P) + I \otimes \lambda_{\max}(D^T PPD)I)\sigma(t) \\ &\quad + e^T(t)(I \otimes (QS + S^T Q - QHD - D^T H^T Q + \lambda_{\max}^2(\mathcal{L}_1)I))e(t) \end{aligned}$$

令 $\Phi = I \otimes (PA + A^TP) + \mathcal{L}_1 \otimes (PBK_1 + K_1^T B^T P) + I \otimes \lambda_{\max}(D^T PPD)I$，$\Psi = I \otimes (QS + S^T Q - QHD - D^T H^T Q + \lambda_{\max}^2(\mathcal{L}_1)I)$。根据引理 6.2 可知 $\mathcal{L}_1$ 是对称正定的，并且存在正交常数矩阵 U 使得 $U^T \mathcal{L}_1 U = \text{diag}(\lambda_1, \lambda_2, \cdots, \lambda_N) \triangleq \Delta$ 成立，其中 $0 < \lambda_1 \le \lambda_2 \le \cdots \le \lambda_N$ 表示矩阵 $\mathcal{L}_1$ 的特征值。利用状态转换法，我们得到

$$\tilde{\Phi} = U^T \Phi U = I \otimes (PA + A^TP) + \Delta \otimes (PBK_1 + K_1^T B^T P) + I \otimes \lambda_{\max}(D^T PPD)I$$

那么，根据式（6.6）、式（6.7）和 $K_1 = -\gamma B^T P$、$H = Q^{-1}D^T$，可以推导出

$$\begin{aligned} &(PA + A^TP) + \lambda_i(PBK_1 + K_1^T B^T P) + \lambda_{\max}(D^T PPD)I \\ &= A^TP + PA + \lambda_i PBK_1 + \lambda_i K_1^T B^T P + \lambda_{\max}(D^T PPD)I \\ &= A^TP + PA - 2\lambda_i \gamma PBB^T P + \lambda_{\max}(D^T PPD)I \end{aligned}$$

$$\leqslant A^{\mathrm{T}}P + PA - 2\lambda_i(\mathcal{L}_1)\frac{1}{\lambda_{\min}(\mathcal{L}_1)}PBB^{\mathrm{T}}P + \lambda_{\max}(D^{\mathrm{T}}PPD)I$$

$$\leqslant A^{\mathrm{T}}P + PA - 2PBB^{\mathrm{T}}P + \lambda_{\max}(D^{\mathrm{T}}PPD)I$$

$$\leqslant A^{\mathrm{T}}P + PA - 2PBB^{\mathrm{T}}P + \varepsilon_1 I < 0$$

和

$$QS + S^{\mathrm{T}}Q - QHD - D^{\mathrm{T}}H^{\mathrm{T}}Q + \lambda_{\max}^2(\mathcal{L}_1)I$$

$$= S^{\mathrm{T}}Q + QS - 2D^{\mathrm{T}}D + \lambda_{\max}^2(\mathcal{L}_1)I < 0$$

这意味着 $\tilde{\varPhi} = U^{\mathrm{T}}\varPhi U < 0$、$\varPhi < 0$ 和 $\varPsi < 0$ 成立。因此，我们可以得到

$$\dot{V} \leqslant \sigma^{\mathrm{T}}(t)\varPhi\sigma(t) + e^{\mathrm{T}}(t)\varPsi e(t) < 0$$

根据李雅普诺夫稳定性理论可得当 $t \to 0$ 时，$\sigma(t) \to 0$，$e(t) \to 0$，即 $(\mathcal{L}_1 \otimes I)x_{\mathcal{S}}(t) + (\mathcal{L}_2 \otimes I)x_{\mathcal{M}}(t) \to 0$。因而，根据引理 6.2 可知，当 $t \to 0$ 时，$x_{\mathcal{S}}(t) \to -(\mathcal{L}_1^{-1}\mathcal{L}_2 \otimes I)x_{\mathcal{M}}(t)$，也就是说，跟随者的状态收敛到由领导者状态构成的凸包中。定理 6.1 得证。□

6.4　具有干扰观测器的输出反馈包含控制

当跟随者的状态信息无法获取且每个智能体只能获得其自身与邻居智能体的相对输出测量信息时，则需利用输出信息来分别设计状态观测器和干扰观测器。因此，设计如下的基于状态观测器和干扰观测器的输出反馈包含控制协议：

$$\begin{cases} u_i(t) = 0, \ i \in \mathcal{M} \\ u_i(t) = -B^{\mathrm{T}}\overline{P}\sum_{j \in \mathcal{M} \cup \mathcal{S}} a_{ij}(\hat{x}_i(t) - \hat{x}_j(t)) - F\hat{d}_i(t), \ i \in \mathcal{S} \end{cases} \quad (6.11)$$

及

$$\begin{cases} \dot{\hat{x}}_i(t) = A\hat{x}_i(t) - G_1(y_i(t) - \hat{y}_i(t)), \ i \in \mathcal{M} \\ \hat{d}_i(t) = 0, \ i \in \mathcal{M} \end{cases} \quad (6.12)$$

式中

$$\begin{cases} \dot{\hat{x}}_i(t) = A\hat{x}_i(t) + Bu_i(t) + D\hat{d}_i(t) - G_1(y_i(t) - \hat{y}_i(t)), \ i \in \mathcal{S} \\ \dot{\hat{d}}_i(t) = S\hat{d}_i(t) - G_2\sum_{j \in \mathcal{M} \cup \mathcal{S}} a_{ij}((y_i(t) - y_j(t)) - (\hat{y}_i(t) - \hat{y}_j(t))), \ i \in \mathcal{S} \end{cases} \quad (6.13)$$

$\hat{y}_i(t) = C\hat{x}_i(t)$；$\hat{x}_i(t)$ 为状态观测向量；$\hat{d}_i(t)$ 为干扰估计向量；$\overline{P}$ 为线性矩阵不等式的解；状态观测器增益 G_1 和干扰观测器增益 G_2 均为待设计的常数矩阵。因此，在输出反馈包含控制协议（6.11）的作用下，多智能体系统（6.1）可以改写为

$$\begin{cases} \dot{x}_i(t) = Ax_i(t), \ i \in \mathcal{M} \\ \dot{x}_i(t) = Ax_i(t) - BB^{\mathrm{T}}\bar{P}\sum_{j\in\mathcal{M}\cup\mathcal{S}} a_{ij}(\hat{x}_i(t) - \hat{x}_j(t)) - BF\hat{d}_i(t) + Dd_i(t), \ i \in \mathcal{S} \end{cases} \quad (6.14)$$

定理 6.2　假定假设 6.1、假设 6.2 成立。若状态观测器增益 $G_1 = -\bar{P}^{-1}C^{\mathrm{T}}$ 和干扰观测器增益 $G_2 = \bar{Q}^{-1}C^{\mathrm{T}}$，且 $\bar{P}$、$\bar{Q}$ 分别是如下两个矩阵不等式的正定解：

$$A^{\mathrm{T}}\bar{P} + \bar{P}A + \varepsilon_3 I < 0 \quad (6.15)$$
$$S^{\mathrm{T}}\bar{Q} + \bar{Q}S + \varepsilon_4 I < 0 \quad (6.16)$$

式中，$\varepsilon_3 \geqslant \max\{\lambda_{\max}^2(\mathcal{L}_1) + 2, \lambda_{\max}(C^{\mathrm{T}}CC^{\mathrm{T}}C)\}$ 和 $\varepsilon_4 \geqslant \lambda_{\max}(C^{\mathrm{T}}CC^{\mathrm{T}}C) + \lambda_{\max}(D^{\mathrm{T}}\bar{P}\bar{P}D)$，则多智能体系统（6.1）及外部干扰系统（6.2）在基于状态观测器和干扰观测器的包含控制协议（6.11）下可以实现输出反馈包含控制。

证明　根据动力学方程（6.1）、（6.2）和式（6.12）～式（6.14），我们可以得到

$$\dot{x}_i(t) = Ax_i(t), \ i \in \mathcal{M}$$
$$y_i(t) = Cx_i(t), \ i \in \mathcal{M}$$
$$\dot{\hat{x}}_i(t) = A\hat{x}_i(t) - G_1C(x_i(t) - \hat{x}_i(t)), \ i \in \mathcal{M}$$

和

$$\dot{x}_i(t) = Ax_i(t) - BB^{\mathrm{T}}\bar{P}\sum_{j\in\mathcal{M}\cup\mathcal{S}} a_{ij}(\hat{x}_i(t) - \hat{x}_j(t)) - BF\hat{d}_i(t) + Dd_i(t), \ i \in \mathcal{S}$$
$$y_i(t) = Cx_i(t), \ i \in \mathcal{S}$$
$$\dot{\hat{x}}_i(t) = A\hat{x}_i(t) - BB^{\mathrm{T}}\bar{P}\sum_{j\in\mathcal{M}\cup\mathcal{S}} a_{ij}(\hat{x}_i(t) - \hat{x}_j(t)) - G_1C(x_i(t) - \hat{x}_i(t)), \ i \in \mathcal{S}$$

其可以写成如下的矩阵形式：

$$\dot{x}_{\mathcal{M}}(t) = (I \otimes A)x_{\mathcal{M}}(t)$$
$$y_{\mathcal{M}}(t) = (I \otimes C)x_{\mathcal{M}}(t)$$
$$\dot{\hat{x}}_{\mathcal{M}}(t) = (I \otimes (A + G_1C))\hat{x}_{\mathcal{M}}(t) - (I \otimes G_1C)x_{\mathcal{M}}(t)$$

和

$$\dot{x}_{\mathcal{S}}(t) = (I \otimes A)x_{\mathcal{S}}(t) - (\mathcal{L}_1 \otimes BB^{\mathrm{T}}\bar{P})\hat{x}_{\mathcal{S}}(t) - (\mathcal{L}_2 \otimes BB^{\mathrm{T}}\bar{P})\hat{x}_{\mathcal{M}}(t) + (I \otimes D)\bar{e}(t)$$
$$y_{\mathcal{S}}(t) = (I \otimes C)x_{\mathcal{S}}(t)$$
$$\dot{\hat{x}}_{\mathcal{S}}(t) = (I \otimes (A + G_1C) - \mathcal{L}_1 \otimes BB^{\mathrm{T}}\bar{P})\hat{x}_{\mathcal{S}}(t) - (I \otimes G_1C)x_{\mathcal{S}}(t) - (\mathcal{L}_2 \otimes BB^{\mathrm{T}}\bar{P})\hat{x}_{\mathcal{M}}(t)$$

式中，$\bar{e} = \mathrm{col}(\bar{e}_1, \bar{e}_2, \cdots, \bar{e}_N)$，$\bar{e}_i(t) = d_i(t) - \hat{d}_i(t)$，$i = 1,2,\cdots,N$，$\hat{x}_{\mathcal{S}} = \mathrm{col}(\hat{x}_1, \hat{x}_2, \cdots, \hat{x}_N)$，$\hat{x}_{\mathcal{M}} = \mathrm{col}(\hat{x}_{N+1}, \hat{x}_{N+2}, \cdots, \hat{x}_{N+M})$，$y_{\mathcal{S}} = \mathrm{col}(y_1, y_2, \cdots, y_N)$，$y_{\mathcal{M}} = \mathrm{col}(y_{N+1}, y_{N+2}, \cdots, y_{N+M})$。则有

$$\dot{\bar{e}}(t) = \dot{d}(t) - \dot{\hat{d}}(t)$$
$$= (I \otimes S)e(t) + (\mathcal{L}_1 \otimes G_2C)(x_{\mathcal{S}}(t) - \hat{x}_{\mathcal{S}}(t)) + (\mathcal{L}_2 \otimes G_2C)(x_{\mathcal{M}}(t) - \hat{x}_{\mathcal{M}}(t))$$

定义包含误差向量分别为 $\varsigma_i(t) = \sum\limits_{j \in \mathcal{M} \cup \mathcal{S}} a_{ij}(x_i(t) - x_j(t))$、$\hat{\varsigma}_i(t) = \sum\limits_{j \in \mathcal{M} \cup \mathcal{S}} a_{ij}(\hat{x}_i(t) - \hat{x}_j(t))$，

$i = 1, 2, \cdots, N$，这意味着

$$\varsigma(t) = (\mathcal{L}_1 \otimes I)x_\mathcal{S}(t) + (\mathcal{L}_2 \otimes I)x_\mathcal{M}(t)$$
$$\hat{\varsigma}(t) = (\mathcal{L}_1 \otimes I)\hat{x}_\mathcal{S}(t) + (\mathcal{L}_2 \otimes I)\hat{x}_\mathcal{M}(t)$$

式中，$\varsigma = \mathrm{col}(\varsigma_1, \varsigma_2, \cdots, \varsigma_N)$，$\hat{\varsigma} = \mathrm{col}(\hat{\varsigma}_1, \hat{\varsigma}_2, \cdots, \hat{\varsigma}_N)$。令 $\bar{\varsigma}_i(t) = \varsigma_i(t) - \hat{\varsigma}_i(t)$，$i = 1, 2, \cdots, N$，

$\bar{\varsigma} = \mathrm{col}(\bar{\varsigma}_1, \bar{\varsigma}_2, \cdots, \bar{\varsigma}_N)$，则可以推导出

$$\bar{\varsigma}(t) = \varsigma(t) - \hat{\varsigma}(t) = (\mathcal{L}_1 \otimes I)(x_\mathcal{S}(t) - \hat{x}_\mathcal{S}(t)) + (\mathcal{L}_2 \otimes I)(x_\mathcal{M}(t) - \hat{x}_\mathcal{M}(t))$$

$$\dot{\bar{e}}(t) = (I \otimes S)e(t) + (I \otimes G_2 C)\bar{\varsigma}(t) \tag{6.17}$$

$$\dot{\hat{\varsigma}}(t) = (\mathcal{L}_1 \otimes I)\dot{\hat{x}}_\mathcal{S}(t) + (\mathcal{L}_2 \otimes I)\dot{\hat{x}}_\mathcal{M}(t) \tag{6.18}$$
$$= (I \otimes A - \mathcal{L} \otimes BB^\mathrm{T}\bar{P})\hat{\varsigma}(t) - (I \otimes G_1 C)\bar{\varsigma}(t)$$

和

$$\dot{\bar{\varsigma}}(t) = \dot{\varsigma}(t) - \dot{\hat{\varsigma}}(t)$$
$$= (\mathcal{L}_1 \otimes I)(\dot{x}_\mathcal{S}(t) - \dot{\hat{x}}_\mathcal{S}(t)) + (\mathcal{L}_2 \otimes I)(\dot{x}_\mathcal{M}(t) - \dot{\hat{x}}_\mathcal{M}(t))$$
$$= (I \otimes (A + G_1 C))\bar{\varsigma}(t) + (\mathcal{L}_1 \otimes D)\bar{e}(t) \tag{6.19}$$

因此，我们考虑如下的李雅普诺夫函数：

$$\bar{V} = \bar{\varsigma}^\mathrm{T}(t)(I \otimes \bar{P})\bar{\varsigma}(t) + \hat{\varsigma}^\mathrm{T}(t)(I \otimes \bar{P})\hat{\varsigma}(t) + \bar{e}^\mathrm{T}(t)(I \otimes \bar{Q})\bar{e}(t)$$

将 $\bar{V}$ 沿着式（6.17）～式（6.19）对 t 求导可得

$$\dot{\bar{V}} = 2\bar{\varsigma}^\mathrm{T}(t)(I \otimes \bar{P})\dot{\bar{\varsigma}}(t) + 2\hat{\varsigma}^\mathrm{T}(t)(I \otimes \bar{P})\dot{\hat{\varsigma}}(t) + 2\bar{e}^\mathrm{T}(t)(I \otimes \bar{Q})\dot{\bar{e}}(t)$$
$$= 2\bar{\varsigma}^\mathrm{T}(t)(I \otimes \bar{P})((I \otimes (A + G_1 C))\bar{\varsigma}(t) + (\mathcal{L}_1 \otimes CD)\bar{e}(t))$$
$$\quad + 2\hat{\varsigma}^\mathrm{T}(t)(I \otimes \bar{P})((I \otimes A - \mathcal{L}_1 \otimes BB^\mathrm{T}\bar{P})\hat{\varsigma}(t) - (I \otimes G_1 C)\bar{\varsigma}(t))$$
$$\quad + 2\bar{e}^\mathrm{T}(t)(I \otimes \bar{Q})((I \otimes S)e(t) + (I \otimes G_2 C)\bar{\varsigma}(t))$$
$$= \bar{\varsigma}^\mathrm{T}(t)(I \otimes (\bar{P}A + A^\mathrm{T}\bar{P} - 2C^\mathrm{T}C))\bar{\varsigma}(t) + 2\bar{\varsigma}^\mathrm{T}(t)(\mathcal{L}_1 \otimes \bar{P}D)\bar{e}(t)$$
$$\quad + \hat{\varsigma}^\mathrm{T}(t)(I \otimes (\bar{P}A + A^\mathrm{T}\bar{P}) - 2\mathcal{L}_1 \otimes \bar{P}BB^\mathrm{T}\bar{P})\hat{\varsigma}(t) + 2\hat{\varsigma}^\mathrm{T}(t)(I \otimes C^\mathrm{T}C)\bar{\varsigma}(t)$$
$$\quad + \bar{e}^\mathrm{T}(t)(I \otimes (\bar{Q}S + S^\mathrm{T}\bar{Q}))\bar{e}(t) + 2\bar{e}^\mathrm{T}(t)(I \otimes C^\mathrm{T}C)\bar{\varsigma}(t) \tag{6.20}$$

类似地，基于引理 6.1 中 Young 不等式，我们可以直接地得到如下不等式：

$$2\bar{\varsigma}^\mathrm{T}(t)(\mathcal{L}_1 \otimes \bar{P}D)\bar{e}(t) \leqslant \lambda_{\max}^2(\mathcal{L}_1)\bar{\varsigma}^\mathrm{T}(t)\bar{\varsigma}(t) + \bar{e}^\mathrm{T}(t)(I \otimes D^\mathrm{T}\bar{P}\bar{P}D)\bar{e}(t)$$
$$\leqslant \lambda_{\max}^2(\mathcal{L}_1)\bar{\varsigma}^\mathrm{T}(t)\bar{\varsigma}(t) + \lambda_{\max}(D^\mathrm{T}\bar{P}\bar{P}D)\bar{e}^\mathrm{T}(t)\bar{e}(t) \tag{6.21}$$

$$2\hat{\varsigma}^\mathrm{T}(t)(I \otimes C^\mathrm{T}C)\bar{\varsigma}(t) \leqslant \hat{\varsigma}^\mathrm{T}(t)(I \otimes C^\mathrm{T}CC^\mathrm{T}C)\hat{\varsigma}(t) + \bar{\varsigma}^\mathrm{T}(t)\bar{\varsigma}(t)$$
$$\leqslant \lambda_{\max}(C^\mathrm{T}CC^\mathrm{T}C)\hat{\varsigma}^\mathrm{T}(t)\hat{\varsigma}(t) + \bar{\varsigma}^\mathrm{T}(t)\bar{\varsigma}(t) \tag{6.22}$$

$$2\bar{e}^\mathrm{T}(t)(I \otimes C^\mathrm{T}C)\bar{\varsigma}(t) \leqslant \bar{e}^\mathrm{T}(t)(I \otimes C^\mathrm{T}CC^\mathrm{T}C)\bar{e}(t) + \bar{\varsigma}^\mathrm{T}(t)\bar{\varsigma}(t)$$
$$\leqslant \lambda_{\max}(C^\mathrm{T}CC^\mathrm{T}C)\bar{e}^\mathrm{T}(t)\bar{e}(t) + \bar{\varsigma}^\mathrm{T}(t)\bar{\varsigma}(t) \tag{6.23}$$

将式（6.21）～式（6.23）代入式（6.20）中可得

$$\dot{\bar{V}} \leqslant \bar{\varsigma}^{\mathrm{T}}(t)[I \otimes (\bar{P}A + A^{\mathrm{T}}\bar{P} - 2C^{\mathrm{T}}C + (\lambda_{\max}^2(\mathcal{L}_1) + 2)I)]\bar{\varsigma}(t)$$
$$+ \hat{\varsigma}^{\mathrm{T}}(t)(I \otimes (\bar{P}A + A^{\mathrm{T}}\bar{P} + \lambda_{\max}(C^{\mathrm{T}}CC^{\mathrm{T}}C)I) - 2\mathcal{L}_1 \otimes \bar{P}BB^{\mathrm{T}}\bar{P})\hat{\varsigma}(t)$$
$$+ \bar{e}^{\mathrm{T}}(t)(I \otimes (\bar{Q}S + S^{\mathrm{T}}\bar{Q} + (\lambda_{\max}(C^{\mathrm{T}}CC^{\mathrm{T}}C) + \lambda_{\max}(D^{\mathrm{T}}\bar{P}\bar{P}D))I))e(t)$$

为了便于分析，令 $\bar{\Phi} = I \otimes (\bar{P}A + A^{\mathrm{T}}\bar{P} - 2C^{\mathrm{T}}C + (\lambda_{\max}^2(\mathcal{L}_1) + 2)I)$，$\bar{\Omega} = I \otimes (\bar{P}A + A^{\mathrm{T}}\bar{P} + \lambda_{\max}(C^{\mathrm{T}}CC^{\mathrm{T}}C)I) - 2\mathbb{L}_1 \otimes \bar{P}BB^{\mathrm{T}}\bar{P}$，$\bar{\Psi} = I \otimes (\bar{Q}S + S^{\mathrm{T}}\bar{Q} + (\lambda_{\max}(C^{\mathrm{T}}CC^{\mathrm{T}}C) + \lambda_{\max}(D^{\mathrm{T}}\bar{P}\bar{P}D))I)$。类似于前面的分析，通过状态转换法得出

$$\hat{\varsigma}^{\mathrm{T}}(t)\bar{\Omega}\hat{\varsigma}(t) = \hat{\varsigma}^{\mathrm{T}}(t)(I \otimes (\bar{P}A + A^{\mathrm{T}}\bar{P} + \lambda_{\max}(C^{\mathrm{T}}CC^{\mathrm{T}}C)I)$$
$$- U^{\mathrm{T}}\operatorname{diag}(\lambda_1, \lambda_2, \cdots, \lambda_N)U \otimes 2\bar{P}BB^{\mathrm{T}}\bar{P})\hat{\varsigma}(t)$$
$$= \sum_{i=1}^{N} \bar{\hat{\varsigma}}_i^{\mathrm{T}}(t)(\bar{P}A + A^{\mathrm{T}}\bar{P} + \lambda_{\max}(C^{\mathrm{T}}CC^{\mathrm{T}}C)I - 2\lambda_i \bar{P}BB^{\mathrm{T}}\bar{P})\bar{\hat{\varsigma}}_i(t)$$

式中，$\bar{\hat{\varsigma}}(t) = (U \otimes I)\hat{\varsigma}(t)$，$\bar{\hat{\varsigma}} = \operatorname{col}(\bar{\hat{\varsigma}}_1, \bar{\hat{\varsigma}}_2, \cdots, \bar{\hat{\varsigma}}_N)$。那么，从式（6.15）、式（6.16）可以看出

$$\bar{P}A + A^{\mathrm{T}}\bar{P} - 2C^{\mathrm{T}}C + (\lambda_{\max}^2(\mathcal{L}_1) + 2)I \leqslant A^{\mathrm{T}}\bar{P} + \bar{P}A + \varepsilon_3 I < 0$$
$$\bar{P}A + A^{\mathrm{T}}\bar{P} + \lambda_{\max}(C^{\mathrm{T}}CC^{\mathrm{T}}C)I - 2\lambda_i \bar{P}BB^{\mathrm{T}}\bar{P} \leqslant A^{\mathrm{T}}\bar{P} + \bar{P}A + \varepsilon_3 I < 0$$
$$\bar{Q}S + S^{\mathrm{T}}\bar{Q} + (\lambda_{\max}(C^{\mathrm{T}}CC^{\mathrm{T}}C) + \lambda_{\max}(D^{\mathrm{T}}\bar{P}\bar{P}D))I \leqslant S^{\mathrm{T}}\bar{Q} + \bar{Q}S + \varepsilon_4 I < 0$$

即有 $\bar{\Phi} < 0$、$\bar{\Omega} < 0$ 和 $\bar{\Psi} < 0$ 成立。这意味着 $\dot{\bar{V}} \leqslant \bar{\varsigma}^{\mathrm{T}}(t)\bar{\Phi}\bar{\varsigma}(t) + \hat{\varsigma}^{\mathrm{T}}(t)\bar{\Omega}\hat{\varsigma}(t) + \bar{e}^{\mathrm{T}}(t)\bar{\Psi}e(t) < 0$ 成立。因此，根据李雅普诺夫稳定性理论，我们得到当 $t \to 0$ 时，$\bar{V} \to 0$，即当 $t \to 0$ 时，$\bar{\varsigma}(t) \to 0$、$\hat{\varsigma}(t) \to 0$ 和 $\bar{e}(t) \to 0$ 成立。换句话说，当 $t \to 0$ 时，$\varsigma(t) \to 0$ 成立。则通过 $\varsigma(t)$ 的定义和引理 6.2 可知，多智能体系统（6.1）及外部干扰系统（6.2）在包含控制协议（6.11）下可以实现输出反馈包含控制。特别地，当 $t \to 0$ 时，$x_{\mathcal{S}}(t) \to -(\mathcal{L}_1^{-1}\mathcal{L}_2 \otimes I)x_{\mathcal{M}}(t)$ 成立。定理 6.2 得证。□

6.5　数值仿真

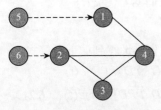

图 6.1　通信拓扑图 $\mathcal{G}$

本节将给出两个数值仿真例子去验证本章所提出的基于干扰观测器的包含控制协议的有效性。如图 6.1 所示，我们考虑一个由 6 个智能体构成的系统，其中编号 1～4 为跟随者，编号 5 和 6 为领导者。显然地，图 6.1 所示的智能体之间的通信拓扑满足假设 6.2。为简单起见，每个智能体的初始状态值 x_{i1}、x_{i2} 在区间 $[-8\ 8] \times [-8\ 8]$ 中随机选取。

例 6.1　本例用来验证定理 6.1 的有效性。假定系统矩阵分别为 $A = \begin{bmatrix} 0 & 1 \\ -0.5 & 0 \end{bmatrix}$，

$B = \begin{bmatrix} 0 \\ 1 \end{bmatrix}$，$D = \begin{bmatrix} 0 & 0 \\ 0 & 1 \end{bmatrix}$，$S = \begin{bmatrix} 0 & -1 \\ 0 & -2 \end{bmatrix}$，$F = \begin{bmatrix} 0 & 1 \end{bmatrix}$，容易看出假设 6.1 成立。通过求解线性矩阵不等式（6.6）、（6.7）可以得到反馈增益 K_1 和观测器增益 H 的可行解分别为 $K_1 = \begin{bmatrix} -2.5 & -1.5 \end{bmatrix}$，$H = \begin{bmatrix} 2 & 0 \\ 0 & -1 \end{bmatrix}$。如图 6.2~图 6.4 所示，可以直接地看出在基于干扰观测器的包含控制协议（6.3）作用下，多智能体系统（6.1）及外部干扰系统（6.2）的状态反馈包含控制问题得到解决，这与定理 6.1 中的结论是相一致的。图 6.2 描述当 $t \to \infty$ 时，所有跟随者的状态收敛到领导者状态构成的凸包中。图 6.3 给出多智能体系统（6.1）及外部干扰系统（6.2）的包含控制误差随时间演化的轨迹。图 6.4 表示状态反馈包含控制的控制输入量随时间的响应轨迹。可以看出，随着时间的推移，包含控制误差和控制输入均收敛到 0。

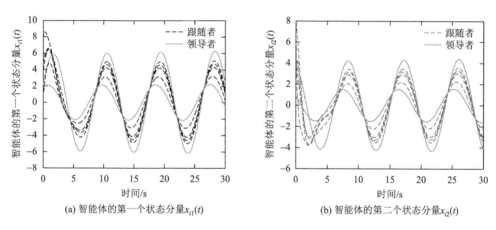

(a) 智能体的第一个状态分量$x_{i1}(t)$　　　　　　(b) 智能体的第二个状态分量$x_{i2}(t)$

图 6.2　控制协议（6.3）下，智能体的状态轨迹图

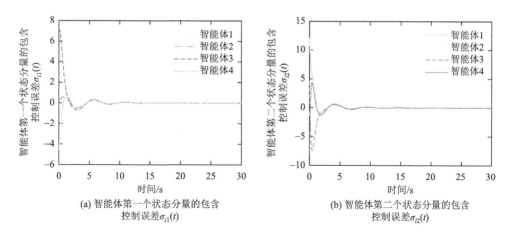

(a) 智能体第一个状态分量的包含　　　　　　(b) 智能体第二个状态分量的包含
控制误差$\sigma_{i1}(t)$　　　　　　　　　　控制误差$\sigma_{i2}(t)$

图 6.3　控制协议（6.3）下，多智能体系统的包含控制误差轨迹图

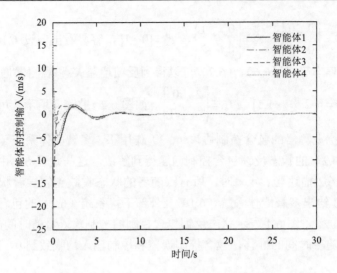

图 6.4 控制协议（6.3）下，多智能体系统的控制输入轨迹图

例 6.2 本例用来验证定理 6.2 的有效性。假定系统矩阵分别为 $A = \begin{bmatrix} 0 & 1 \\ -0.5 & -1 \end{bmatrix}$，

$B = \begin{bmatrix} 0 \\ 1 \end{bmatrix}$，$C = \begin{bmatrix} 1 & 0 \end{bmatrix}$，$D = \begin{bmatrix} 0 & 0 \\ 0 & 1 \end{bmatrix}$，$S = \begin{bmatrix} 0 & 1 \\ -1 & -2 \end{bmatrix}$，$F = \begin{bmatrix} 0 & 1 \end{bmatrix}$。类似地，利用 MATLAB 中 LMI 工具箱去求解线性矩阵不等式（6.15）、（6.16），我们可以得到观测器增益 G_1 和 G_2 的可行解分别为 $G_1 = \begin{bmatrix} -2 & -3.5 \end{bmatrix}$，$G_2 = \begin{bmatrix} 1.5 & 2 \end{bmatrix}$。图 6.5~图 6.7 表明，多智能体系统（6.1）及外部干扰系统（6.2）在基于状态观测器和干扰观测器的包含控制协议（6.11）下可以实现输出反馈包含控制，这同样与定理 6.2 中的结论是一致的。图 6.5 描述智能体的状态信息随时间变化的轨迹，即当 $t \to \infty$ 时，

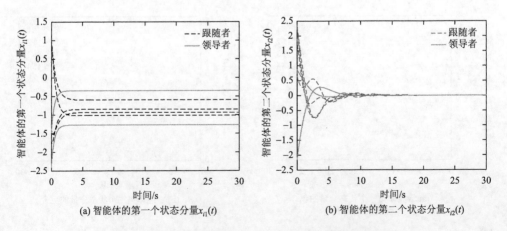

(a) 智能体的第一个状态分量$x_{i1}(t)$　　　　　(b) 智能体的第二个状态分量$x_{i2}(t)$

图 6.5 控制协议（6.11）下，智能体的状态轨迹图

所有跟随者的状态收敛到领导者状态构成的凸包中。多智能体系统（6.1）及外部干扰系统（6.2）的包含控制误差随时间演化的轨迹如图 6.6 所示。图 6.7 给出系统输出反馈包含控制的控制输入随时间的响应轨迹。同样地可以看到，随着时间的演化，系统的包含控制误差和控制输入都收敛到 0。

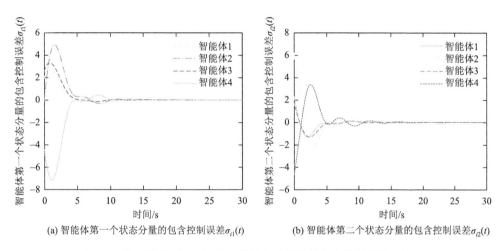

(a) 智能体第一个状态分量的包含控制误差$\sigma_{i1}(t)$　　　(b) 智能体第二个状态分量的包含控制误差$\sigma_{i2}(t)$

图 6.6　控制协议（6.11）下，多智能体系统的包含控制误差轨迹图

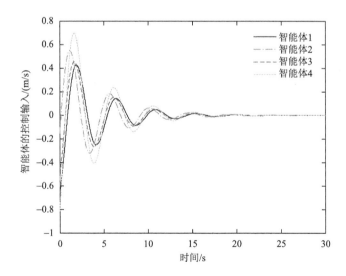

图 6.7　控制协议（6.11）下，多智能体系统的控制输入轨迹图

6.6　本章小结

本章基于干扰观测器的方法，解决了多智能体系统在外部干扰影响下的包含

控制问题，分别研究了状态反馈控制和输出反馈控制两种情形。主要内容包括：当系统能获取智能体的状态信息时，基于干扰观测器和邻居智能体的相对状态信息，提出了状态反馈包含控制协议，并通过线性矩阵不等式方法和李雅普诺夫稳定性理论，推导了在该控制协议的作用下多智能体系统及外部干扰系统实现状态反馈包含控制的充分条件；当系统不能获取智能体的状态信息时，基于干扰观测器和状态观测器设计了输出反馈包含控制协议，并得到了多智能体系统及外部干扰系统完成输出反馈包含控制的充分条件；最后，通过数值仿真实例验证了本章理论结果的有效性。

参 考 文 献

[1]　Dong X，Meng F，Shi Z，et al. Output containment control for swarm systems with general linear dynamics：A dynamic output feedback approach[J]. Systems and Control Letters，2014，71：31-37.

[2]　Wen G，Zhao Y，Duan Z，et al. Containment of higher-order multi-leader multi-agent systems：A dynamic output approach[J]. IEEE Transactions on Automatic Control，2016，61（4）：1135-1140.

[3]　Guo L，Chen W H. Disturbance attenuation and rejection for systems with nonlinearity via DOBC approach[J]. International Journal of Robust and Nonlinear Control，2005，15（3）：109-125.

[4]　Hong Y，Chen G，Bushnell L. Distributed observers design for leader-following control of multi-agent networks[J]. Automatica，2008，44（3）：846-850.

[5]　Ding Z. Consensus disturbance rejection with disturbance observers[J]. IEEE Transactions on Industrial Electronics，2015，62（9）：5829-5837.

[6]　Cao W，Zhang J，Ren W. Leader-follower consensus of linear multi-agent systems with unknown external disturbances[J]. Systems and Control Letters，2015，82：64-70.

[7]　Bernstein D S. Matrix Mathematics：Theory，Facts，and Formulas with Application to Linear Systems Theory[M]. Princeton：Princeton University Press，2005.

[8]　Meng Z，Ren W，You Z. Distributed finite-time attitude containment control for multiple rigid bodies[J]. Automatica，2010，46（12）：2092-2099.

第7章 二阶多智能体系统的分布式编队包含控制问题

7.1 概　　述

近些年来，多智能体系统的包含控制吸引了国内外不同领域学者的广泛关注，其研究成果也是丰富多彩的。包含控制是指在多智能体系统中存在多个领导者，通过设计分布式控制协议来保证系统中所有跟随者最终进入由领导者所形成的凸包（即特定的封闭几何空间区域）中。包含控制问题广泛地存在于实际应用中。如多机器人的交通运输问题，即装配传感器的机器人称为领导者，其可以通过传感器检测危险障碍物来形成安全区域，而其他没有装配传感器的机器人称为跟随者，其需要进入由领导者构成的安全区域内并跟随领导者一起运动，从而使得所有跟随者机器人最终能够安全地到达目的地，同时也可以完成节约成本和躲避障碍物的目标。然而，值得一提的是，现有关于多智能体系统包含控制的结果都假设领导者之间没有交互，并且不考虑领导者的集群行为。但是，在许多实际情况中，由于需要执行一些艰巨而复杂任务，领导者之间往往需要通过交互信息去完成并保持一个期望的编队任务。因而，研究多智能体系统的编队包含控制问题更具有重要的现实意义。编队包含问题的控制目标是使得领导者的状态达到期望的编队队形，接着，驱使所有跟随者的状态收敛到由领导者状态构成的凸包中并以相同的速度随领导者一起运动。也就是说，多智能体系统的编队包含控制问题可以认为是由领导者的编队控制问题和跟随者的包含控制问题构成的。基于此，Dong 等[1]针对高阶线性时不变系统，讨论了编队包含控制的分析与设计问题，基于邻居状态信息分别对领导者和跟随者设计了时变的编队控制协议和包含控制协议，推导出了编队参考函数的显式表达式，并且得到了高阶系统实现编队包含控制的充分条件。与此同时，在文献[1]的基础上，进一步地研究了含时滞的高阶线性时不变多智能体系统的编队包含控制问题[2]。此外，Dong 等[3]针对一般线性时不变多智能体系统，研究了有向通信拓扑下的输出编队包含控制问题，即领导者的输出实现期望的编队队形，并且所有跟随者的输出收敛到由领导者输出构成的凸包中。Zheng 和 Mu[4]仅基于采样位置数据，在假定领导者之间存在信息交互且领导者的邻居只能为领导者的前提下，设计了编队包含控制协议，运用代数图论和矩阵论的相关知识得到了保证二阶多智能体系统实现编队包含控制的充分条件。可以看到，以上有关编队包含控制的工作都是在固定拓扑情况下进行的。但是，当智能体在不确定环境中执行任务时，考虑到通信连接故障和通信信号间断消失等因素的干扰，多智能体系统之间交互的通信拓扑有可能是切换的。而且，切换的通信拓扑可能会影响系统性能、引起难以预料的不稳定性甚至会摧毁多智能体系统的稳定性。这给在切换拓扑情况下研究多智能体系统的编队包含控制问题带来了困难和挑战。

根据以上对已有文献的分析，本章旨在研究二阶多智能体系统的分布式编队包含控制问题。分别在固定的和切换的拓扑情况下，设计分布式编队包含控制协议，利用代数图论和稳定性理论的相关知识，得出能够保证二阶多智能体系统在控制协议下实现编队包含控制的充分条件。

7.2　问题描述

不失一般性，假设本章中的多智能体系统由 $M+N$ 个智能体构成。其中，编号 $1,\cdots,M$ 的智能体为领导者，编号 $M+1,\cdots,M+N$ 的智能体为跟随者。则智能体之间通信拓扑的拉普拉斯矩阵具有如下形式：

$$\mathcal{L} = \begin{bmatrix} \mathcal{L}_{11} & \mathbf{0} \\ \mathcal{L}_{21} & \mathcal{L}_{22} \end{bmatrix} \tag{7.1}$$

式中，$\mathcal{L}_{11} \in \mathbb{R}^{M \times M}$，$\mathcal{L}_{21} \in \mathbb{R}^{N \times M}$，$\mathcal{L}_{22} \in \mathbb{R}^{N \times N}$。

假设 7.1　对于每个跟随者来说，至少存在一个领导者到该跟随者有一条有向路径。$M+N$ 个智能体之间的通信拓扑图是有向的。

本章考虑的智能体的动力学方程可以描述为

$$\dot{\varphi}_i = A\varphi_i + Bu_i, \ i = 1, 2, \cdots, M+N \tag{7.2}$$

式中，$A = \begin{bmatrix} 0 & 1 \\ 0 & 0 \end{bmatrix} \otimes I_3$；$B = \begin{bmatrix} 0 \\ 1 \end{bmatrix} \otimes I_3$；$\varphi_i = [p_i^{\mathrm{T}}, v_i^{\mathrm{T}}]^{\mathrm{T}} \in \mathbb{R}^6$ 表示智能体的状态向量，$p_i = [x_i, y_i, z_i]^{\mathrm{T}} \in \mathbb{R}^3$ 表示位置，$v_i = [\dot{x}_i, \dot{y}_i, \dot{z}_i]^{\mathrm{T}} \in \mathbb{R}^3$ 表示速度；u_i 表示控制输入。

定义 7.1　对于一组智能体而言，领导者的邻居只能为领导者，而跟随者的邻居可以为领导者或者跟随者。分别定义集合 $\mathcal{M} = \{1, 2, \cdots, M\}$ 与 $\mathcal{S} = \{M+1, M+2, \cdots, M+N\}$ 为领导者和跟随者的集合。若对于每个跟随者，至少存在一个领导者到其有一条有向路径，则所有智能体之间的通信拓扑图含有一个有向生成树。

本章的控制目标是设计分布式控制协议来解决二阶多智能体系统的编队包含控制问题，其定义如下：

定义 7.2　若对于任意状态初始值，领导者可以形成一个期望的编队，然后所有跟随者能够进入由领导者形成的凸包中并以相同的速度随领导者一起运动，则称多智能体系统（7.2）能实现编队包含控制。也就是如下两个条件同时成立。

（1）对于任意给定的期望编队向量 $[h^{\mathrm{T}}, \mathbf{0}_{3M}^{\mathrm{T}}]^{\mathrm{T}} \in \mathbb{R}^{6M}$，其中 $h = [h_1^{\mathrm{T}}, \cdots, h_M^{\mathrm{T}}]^{\mathrm{T}}$，如

果存在向量函数 $f(t) = [q^{\mathrm{T}}(t), w^{\mathrm{T}}(t)]^{\mathrm{T}}$ 使得当 $t \to \infty$ 时，$p_i(t) - h_i - q(t) \to 0$ 和 $v_i(t) - w(t) \to 0$ 对于所有 $i \in \mathcal{M}$ 都成立，那么称领导者能形成期望编队 $[h^{\mathrm{T}}, \mathbf{0}_{3M}^{\mathrm{T}}]^{\mathrm{T}}$。

（2）如果存在满足条件 $\sum\limits_{j=M+1}^{M+N} a_j = 1$ 和 $\sum\limits_{j=M+1}^{M+N} b_j = 1$ 的非负常数 a_j、b_j 使得当 $t \to \infty$ 时，$p_i(t) - \sum\limits_{j=M+1}^{M+N} a_j p_j(t) \to 0$ 和 $v_i(t) - \sum\limits_{j=M+1}^{M+N} b_j v_j(t) \to 0$ 对于所有 $i \in \mathcal{S}$ 都成立，那么称跟随者能实现包含控制。

引理 7.1[1]　若假设 7.1 成立，则矩阵 $\mathcal{L}_{22}$ 的所有特征值都具有正实部，$-\mathcal{L}_{22}^{-1}\mathcal{L}_{21}$ 的每个元素都是非负的，且 $-\mathcal{L}_{22}^{-1}\mathcal{L}_{21}$ 每一行的行和都等于 1。

7.3　固定有向拓扑下的编队包含控制

本节研究固定有向拓扑下的二阶多智能体系统的编队包含控制问题。针对二阶多智能体系统（7.2），我们设计如下的编队包含控制协议：

$$\begin{cases} u_i(t) = \sum\limits_{j \in \mathcal{M}} a_{ij}\{\kappa_1[(p_j(t) - h_j) - (p_i(t) - h_i)] + \kappa_2(v_j(t) - v_i(t))\}, & i \in \mathcal{M} \\ u_i(t) = \sum\limits_{j \in \mathcal{M} \cup \mathcal{S}} a_{ij}[(p_j(t) - p_i(t)) + \kappa_3(v_j(t) - v_i(t))], & i \in \mathcal{S} \end{cases} \quad (7.3)$$

式中，κ_1、κ_2、κ_3 均为正反馈增益。

为了符号简洁，令 $\varphi_i = [p_i^{\mathrm{T}}, v_i^{\mathrm{T}}]^{\mathrm{T}}$，$\varphi_{\mathcal{M}} = [\varphi_1^{\mathrm{T}}, \varphi_2^{\mathrm{T}}, \cdots, \varphi_M^{\mathrm{T}}]^{\mathrm{T}}$，$\varphi_{\mathcal{S}} = [\varphi_{M+1}^{\mathrm{T}}, \varphi_{M+2}^{\mathrm{T}}, \cdots, \varphi_{M+N}^{\mathrm{T}}]^{\mathrm{T}}$。那么，在控制协议（7.3）下，多智能体系统（7.2）可以转化为如下紧凑密形式：

$$\begin{cases} \dot{\varphi}_{\mathcal{M}} = (I_M \otimes A - \kappa_1 \mathcal{L}_{11} \otimes C - \kappa_2 \mathcal{L}_{11} \otimes D)\varphi_{\mathcal{M}} + (\kappa_1 \mathcal{L}_{11} \otimes C)H \\ \dot{\varphi}_{\mathcal{S}} = (I_N \otimes A - \mathcal{L}_{22} \otimes C - \kappa_3 \mathcal{L}_{22} \otimes D)\varphi_{\mathcal{S}} - (\mathcal{L}_{21} \otimes C + \kappa_3 \mathcal{L}_{21} \otimes D)\varphi_{\mathcal{M}} \end{cases} \quad (7.4)$$

式中，$C = \begin{bmatrix} 0 & 0 \\ 1 & 0 \end{bmatrix} \otimes I_3$；$D = \begin{bmatrix} 0 & 0 \\ 0 & 1 \end{bmatrix} \otimes I_3$；$H = \begin{bmatrix} h \\ \mathbf{0}_{3M} \end{bmatrix}$，$h = [h_1^{\mathrm{T}}, \cdots, h_M^{\mathrm{T}}]^{\mathrm{T}}$。

定理 7.1　假定假设 7.1 成立。若正反馈增益 κ_1、κ_2 和 κ_3 满足如下条件：

（1）$\dfrac{\kappa_2^2}{\kappa_1} > \max\limits_{\bar{\lambda}_i \neq 0} \dfrac{|\mathrm{Im}(\bar{\lambda}_i)|^2}{\mathrm{Re}(\bar{\lambda}_i)|\bar{\lambda}_i|^2}$；

（2）$\kappa_3 > \max\limits_{\tilde{\lambda}_i \neq 0} \sqrt{\dfrac{2}{|\tilde{\lambda}_i| \cos\left(\dfrac{\pi}{2} - \arctan \dfrac{-\mathrm{Re}(\tilde{\lambda}_i)}{\mathrm{Im}(\tilde{\lambda}_i)}\right)}}$

式中，$\bar{\lambda}_i$，$i = 1, \cdots, M$ 是矩阵 $\mathcal{L}_{11}$ 的特征值；$\tilde{\lambda}_i$，$i = M+1, \cdots, M+N$ 是矩阵 $\mathcal{L}_{22}$ 的特征值；$\mathrm{Re}(\cdot)$ 与 $\mathrm{Im}(\cdot)$ 分别表示特征值的实部和虚部。多智能体系统（7.2）在控制协议（7.3）的作用下可以实现固定有向拓扑下的编队包含控制。

证明　通过下面的两个步骤来证明定理 7.1。

步骤 1　首先需要证明领导者收敛于一个期望的编队队形。从式（7.4）可以得到领导者智能体的动力学方程为

$$\dot{\varphi}_{\mathcal{M}} = (I_M \otimes A - \kappa_1 \mathcal{L}_{11} \otimes C - \kappa_2 \mathcal{L}_{11} \otimes D)\varphi_{\mathcal{M}} + (\kappa_1 \mathcal{L}_{11} \otimes C)H \tag{7.5}$$

令 $\xi_i = \varphi_i - H_i$，$i = 1, \cdots, M$，则有

$$\xi_{\mathcal{M}} = \varphi_{\mathcal{M}} - H \tag{7.6}$$

式中，$\xi_{\mathcal{M}} = [\xi_1^{\mathrm{T}}, \cdots, \xi_M^{\mathrm{T}}]^{\mathrm{T}}$。基于式（7.5）和式（7.6），可以得到

$$
\begin{aligned}
\dot{\xi}_{\mathcal{M}} &= \dot{\varphi}_{\mathcal{M}} - \dot{H} \\
&= (I_M \otimes A - \kappa_1 \mathcal{L}_{11} \otimes C - \kappa_2 \mathcal{L}_{11} \otimes D)\varphi_{\mathcal{M}} + (\kappa_1 \mathcal{L}_{11} \otimes C)H \\
&= (I_M \otimes A - \kappa_1 \mathcal{L}_{11} \otimes C - \kappa_2 \mathcal{L}_{11} \otimes D)(\varphi_{\mathcal{M}} - H) + (I_M \otimes A - \kappa_2 \mathcal{L}_{11} \otimes D)H \\
&= (I_M \otimes A - \kappa_1 \mathcal{L}_{11} \otimes C - \kappa_2 \mathcal{L}_{11} \otimes D)\xi_{\mathcal{M}}
\end{aligned}
\tag{7.7}
$$

显然地，若假设 7.1 成立，则根据文献[5]中的引理 3.3 可知，与特征向量 1 相关的特征值 $\bar{\lambda}_1 = 0$，且 $0 < \mathrm{Re}(\bar{\lambda}_2) \leqslant \mathrm{Re}(\bar{\lambda}_3) \leqslant \cdots \leqslant \mathrm{Re}(\bar{\lambda}_M)$。类似于文献[6]中引理 2 的证明方法，我们容易推断出如果定理 7.1 中条件（1）成立，则如下的子系统：

$$\dot{\xi}_i = (A - \kappa_1 \bar{\lambda}_i C - \kappa_2 \bar{\lambda}_i D)\xi_i, \ i \in \mathcal{M}$$

是渐近稳定的，这意味着系统（7.7）也是渐近稳定的。那么，$\lim_{t \to \infty} \xi_{\mathcal{M}}(t) = 0$，则根据定义 7.2 中条件（1）可知领导者能形成期望的编队队形。

步骤 2　接着，需要证明所有跟随者进入由领导者构成的凸包中。同样地，从式（7.4）可以得到跟随者智能体的动力学方程为

$$\dot{\varphi}_{\mathcal{S}} = (I_N \otimes A - \mathcal{L}_{22} \otimes C - \kappa_3 \mathcal{L}_{22} \otimes D)\varphi_{\mathcal{S}} - (\mathcal{L}_{21} \otimes C + \kappa_3 \mathcal{L}_{21} \otimes D)\varphi_{\mathcal{M}} \tag{7.8}$$

定义如下的包含误差向量：

$$\zeta_i = \sum_{j \in \mathcal{M} \cup \mathcal{S}} a_{ij}(\varphi_i - \varphi_j), \ i = M+1, \cdots, M+N$$

其可以改写成向量形式：

$$\zeta = (\mathcal{L}_{22} \otimes I_6)\varphi_{\mathcal{S}} + (\mathcal{L}_{21} \otimes I_6)\varphi_{\mathcal{M}} \tag{7.9}$$

式中，$\zeta = [\zeta_1^{\mathrm{T}}, \zeta_2^{\mathrm{T}}, \cdots, \zeta_N^{\mathrm{T}}]^{\mathrm{T}}$。根据引理 7.1，我们可以得出如果 $t \to 0$ 时，包含误差 $\zeta \to 0$，那么多智能体系统（7.2）的包含控制问题得到解决。基于式（7.5）、式（7.8）和式（7.9），有

$$
\begin{aligned}
\dot{\zeta} &= (\mathcal{L}_{22} \otimes I_6)\dot{\varphi}_{\mathcal{S}} + (\mathcal{L}_{21} \otimes I_6)\dot{\varphi}_{\mathcal{M}} \\
&= (\mathcal{L}_{22} \otimes A - \mathcal{L}_{22}^2 \otimes C - \kappa_3 \mathcal{L}_{22}^2 \otimes D)\varphi_{\mathcal{S}} + (\mathcal{L}_{21} \otimes A - \mathcal{L}_{22}\mathcal{L}_{21} \otimes C - \kappa_3 \mathcal{L}_{22}\mathcal{L}_{21} \otimes D)\varphi_{\mathcal{M}} \\
&\quad - (\kappa_1 \mathcal{L}_{21}\mathcal{L}_{11} \otimes C)(\varphi_{\mathcal{M}} - H) \\
&= (I_N \otimes A - \mathcal{L}_{22} \otimes C - \kappa_3 \mathcal{L}_{22} \otimes D)\zeta - (\kappa_1 \mathcal{L}_{21}\mathcal{L}_{11} \otimes C)(\varphi_{\mathcal{M}} - H)
\end{aligned}
$$

$$\tag{7.10}$$

由步骤 1 可知，若领导者收敛到期望的编队队形，则有 $(\kappa_1 \mathcal{L}_{21} \mathcal{L}_{11} \otimes C)(\varphi_{\mathcal{M}} - H) = (\kappa_1 \mathcal{L}_{21} \mathcal{L}_{11} \otimes C)(\mathbf{1} \otimes f(t))$ 成立。注意到 $\mathcal{L}_{11}\mathbf{1} = 0$，则 $(\kappa_1 \mathcal{L}_{21} \mathcal{L}_{11} \otimes C)(\varphi_{\mathcal{M}} - H) = 0$。因此，式（7.10）可以改写成

$$\dot{\zeta} = (I_N \otimes A - \mathcal{L}_{22} \otimes C - \kappa_3 \mathcal{L}_{22} \otimes D)\zeta \tag{7.11}$$

通过与文献[7]中定理 4.2 相似的证明步骤可得，若定理 7.1 中条件（2）成立，则系统（7.11）是渐近稳定的，即有 $\lim\limits_{t \to \infty} \zeta(t) = 0$。那么，根据引理 7.1 可得

$$\lim\limits_{t \to \infty}(\varphi_{\mathcal{S}}(t) - (-\mathcal{L}_{22}^{-1}\mathcal{L}_{21} \otimes I_6)\varphi_{\mathcal{M}}(t)) = 0$$

因此，所有跟随者进入由领导者构成的凸包中。

通过步骤 1、步骤 2 和定义 7.2，我们可以得出结论，即在控制协议（7.3）下，含有固定有向拓扑的多智能体系统（7.2）可以完成编队包含控制。定理 7.1 得证。□

注释 7.1　与文献[1]不同，本节提出的分布式控制协议（7.3）仅仅利用了邻居智能体的相对位置和速度信息。很显然，当 $\kappa_1 = 0$，$\kappa_2 = 0$ 时，控制协议（7.3）也可以解决具有静态或动态领导者的分布式包含控制问题。

在实际应用中，由于不确定的环境和具有有限交互区域的传感器等因素干扰，智能体不可避免地会遇到通信连接故障问题。因此，多智能体系统之间的通信拓扑图可能是切换的。接下来，我们将研究切换有向拓扑下的编队包含控制问题。

7.4　切换有向拓扑下的编队包含控制

本节主要考虑切换有向通信拓扑情况下多智能体系统的编队包含控制问题，即为 7.3 节中结果的拓展。一般来说，令 $\bar{\mathcal{G}} = \{\mathcal{G}_1, \mathcal{G}_2, \cdots, \mathcal{G}_r\}$ 表示所有可能的通信拓扑图，$\mathcal{R} \triangleq \{1, 2, \cdots, r\}$ 为其索引集合。用 $\sigma(t):[0, \infty) \to \mathcal{R}$ 来表示切换信号。考虑一个无限的有界非重叠时间间隔序列 $[t_k, t_{k+1})$，$k = 0, 1, \cdots$。序列 $\{t_k, k \in \mathbf{N}\}$ 满足 $0 = t_0 < t_1 < \cdots < t_k < \cdots$ 和 $\lim_{k \to +\infty} t_k = +\infty$，令 T 为停留时间，有 $t_{k+1} - t_k \geq T$。假设在每个时间区间 $[t_k, t_{k+1})$ 内通信拓扑是不改变的。与固定有向拓扑不同，每个智能体的邻居集合 $\bar{\mathcal{N}}_i(t)$、连接权重 $a_{ij}(t)$ 是时变的。因此，与有向切换拓扑图 $\bar{\mathcal{G}}(t)$ 相关的拉普拉斯矩阵 $\bar{\mathcal{L}}(t)$ 也是时变的，并且其可以划分为

$$\bar{\mathcal{L}}(t) = \begin{bmatrix} \mathcal{L}_{11}(t) & \mathbf{0} \\ \mathcal{L}_{21}(t) & \mathcal{L}_{22}(t) \end{bmatrix}$$

式中，$\mathcal{L}_{11}(t) \in \mathbb{R}^{M \times M}$，$\mathcal{L}_{21}(t) \in \mathbb{R}^{N \times M}$，$\mathcal{L}_{22}(t) \in \mathbb{R}^{N \times N}$。因而，本节可以得到如下的假设。

假设 7.2　$\bar{\mathcal{G}}(t)$ 内所有可能的通信拓扑图都含有一个把领导者作为根节点的有向生成树。

接着，针对多智能体系统（7.2），设计切换有向拓扑下的编队包含控制协议：

$$\begin{cases} u_i(t) = \sum_{j \in \mathcal{M}_i(t)} a_{ij}(t)(\kappa_1((p_j(t) - h_j) - (p_i(t) - h_i)) + \kappa_2(v_j(t) - v_i(t))), \ i \in \mathcal{M} \\ u_i(t) = \sum_{j \in \mathcal{M}_i(t) \cup \mathcal{S}_i(t)} a_{ij}(t)((p_j(t) - p_i(t)) + \kappa_3(v_j(t) - v_i(t))), \ i \in \mathcal{S} \end{cases}$$

(7.12)

则控制协议（7.12）下，多智能体系统（7.2）同样地可以写成如下紧凑形式：

$$\dot{\varphi}_{\mathcal{M}}(t) = (I_M \otimes A - \kappa_1 \mathcal{L}_{11}(t) \otimes C - \kappa_2 \mathcal{L}_{11}(t) \otimes D)\varphi_{\mathcal{M}}(t) + (\kappa_1 \mathcal{L}_{11}(t) \otimes C)H$$

$$\dot{\varphi}_{\mathcal{S}}(t) = (I_N \otimes A - \mathcal{L}_{22}(t) \otimes C - \kappa_3 \mathcal{L}_{22}(t) \otimes D)\varphi_{\mathcal{S}}(t) - (\mathcal{L}_{21}(t) \otimes C + \kappa_3 \mathcal{L}_{21}(t) \otimes D)\varphi_{\mathcal{M}}(t)$$

(7.13)

式中，$t \in [t_k, t_{k+1})$，矩阵 C、D 和 H 在 7.3 节中已经定义。

定理 7.2 假定假设 7.2 成立。若对于 $\bar{\mathcal{G}}(t)$ 中每一个拓扑图，正反馈增益 κ_1、κ_2 和 κ_3 都满足定理 7.1 中条件（1）和（2），且停留时间 T 满足 $T > \max\left(\dfrac{\ln c_1}{c_2}, \dfrac{\ln c_3}{c_4}\right)$，其中，$c_1 \geqslant 1$，$c_2 > 0$，$c_3 \geqslant 1$，$c_4 > 0$，则控制协议（7.12）下，多智能体系统（7.2）能完成切换有向拓扑下的编队包含控制。

证明 基于以上对定理 7.1 的证明思路，从式（7.7）可以得到

$$\dot{\xi}_{\mathcal{M}}(t) = (I_M \otimes A - \kappa_1 \mathcal{L}_{11}(t) \otimes C - \kappa_2 \mathcal{L}_{11}(t) \otimes D)\xi_{\mathcal{M}}(t) \quad (7.14)$$

这意味着对于任意 $t \in [t_k, t_{k+1})$，存在常数 $c_1 \geqslant 1$，$c_2 > 0$ 使得

$$\begin{aligned} \|\xi_{\mathcal{M}}(t)\| &\leqslant c_1 \|\xi_{\mathcal{M}}(t_k)\| e^{-c_2(t - t_k)} \\ &\leqslant c_1^k e^{-c_2(t - t_0)} \|\xi_{\mathcal{M}}(t_0)\| \end{aligned}$$

(7.15)

注意到 $0 = t_0 < t_1 < \cdots < t_k < \cdots$ 和 $t_{k+1} - t_k \geqslant T$，则有

$$t - t_0 \geqslant kT \quad (7.16)$$

可以从式（7.15）和式（7.16）得出

$$\begin{aligned} \|\xi_{\mathcal{M}}(t)\| &\leqslant e^{\frac{t - t_0}{T} \ln c_1 - c_2(t - t_0)} \|\xi_{\mathcal{M}}(t_0)\| \\ &= e^{\left(\frac{\ln c_1}{T} - c_2\right)t} \|\xi_{\mathcal{M}}(0)\| \end{aligned}$$

(7.17)

如果 $T > \max\left(\dfrac{\ln c_1}{c_2}, \dfrac{\ln c_3}{c_4}\right)$ 成立，则当 $t \to \infty$ 时，$\|\xi_{\mathcal{M}}(t)\| \to 0$ 成立，即表示切换系统（7.14）是指数稳定的。因此，根据定义 7.2 中条件（1）可知，领导者能够形成期望的编队队形。

接下来，我们将证明所有跟随者进入由领导者构成的凸包中。和以上的分析类似，从式（7.11）可得

$$\dot{\zeta}(t) = (I_N \otimes A - \mathcal{L}_{22}(t) \otimes C - \kappa_3 \mathcal{L}_{22}(t) \otimes D)\zeta(t) \quad (7.18)$$

这意味着对于任意 $t \in [t_k, t_{k+1})$，存在常数 $c_3 \geqslant 1$，$c_4 > 0$ 使得

$$\|\zeta(t)\| \leqslant c_3 \|\zeta(t_k)\| e^{-c_4(t-t_k)}$$
$$\leqslant c_3^k e^{-c_4(t-t_0)} \|\zeta(t_0)\|$$
$$\leqslant e^{\frac{t-t_0}{T}\ln c_3 - c_4(t-t_0)} \|\zeta(t_0)\|$$
$$= e^{\left(\frac{\ln c_3}{T} - c_4\right)t} \|\zeta(0)\|$$

(7.19)

因此，如果 $T > \max\left(\dfrac{\ln c_1}{c_2}, \dfrac{\ln c_3}{c_4}\right)$ 成立，那么有 $\lim_{t\to\infty}\|\zeta(t)\| = 0$ 成立，其同样意味着切换系统（7.18）是指数稳定的。所以，根据定义 7.2 中条件（2）可知，所有跟随者可以进入由领导者构成的凸包中。综上所述，在控制协议（7.12）下，多智能体系统（7.2）能完成切换有向拓扑下的编队包含控制。定理 7.2 得证。□

注释 7.2　与文献[1]、[8]中的控制协议不同，协议（7.12）中每个智能体的邻居是切换变化的。同样地，值得一提的是，控制协议（7.12）也可以解决切换有向拓扑下的包含控制问题，如 $u_i(t) = 0$，$i \in \mathcal{M}$，即领导者没有邻居且领导者之间没有信息交互。

7.5　数　值　仿　真

本节针对多智能体系统编队包含控制问题，给出两个数值仿真例子去验证本章所得理论结果的有效性。考虑一个由 13 个智能体构成的系统，其中编号 1~8 为领导者，编号 9~13 为跟随者。

例 7.1　图 7.1 所示为智能体之间的通信拓扑图 $\mathcal{G}$，容易看出该固定有向拓扑图满足假设 7.1。通过计算，我们选择正反馈增益为 $\kappa_1 =$

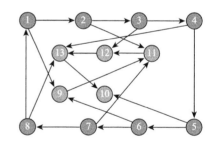

图 7.1　智能体之间的通信拓扑图 $\mathcal{G}$

0.5，$\kappa_2 = 2$，$\kappa_3 = 4$，其满足定理 7.1 中条件（1）和（2）。

那么，在编队包含控制协议（7.3）的作用下，多智能体系统在三维空间中的运动轨迹如图 7.2 所示，其中实心圆圈表示领导者，空心圆圈表示跟随者。图 7.3（a）~（c）给出在协议（7.3）下多智能体系统的位置沿 x 轴、y 轴、z 轴的轨迹。图 7.4 描述多智能体系统的速度沿 x 轴、y 轴、z 轴的轨迹。从图 7.2~图 7.4 可以看出，领导者达到期望的编队队形（三维空间中的立方体），且所有跟随者收敛到由领导者状态构成的凸包中并以相同的速度随领导者一起运动，即多智能体系统（7.2）在控制协议（7.3）的作用下可以实现固定有向拓扑下的编队包含控制。但是，当选择正反馈增益为 $\kappa_1 = 1$，$\kappa_2 = 1.5$，$\kappa_3 = 2$ 时，如图 7.5 和图 7.6 所示，多智能体系统（7.2）在固定有向拓扑下无法实现编队包含控制。

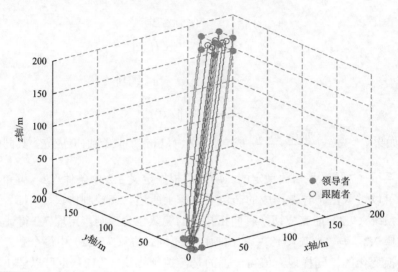

图 7.2　控制协议（7.3）下，$\kappa_1 = 0.5$，$\kappa_2 = 2$，$\kappa_3 = 4$ 时智能体的位置轨迹图

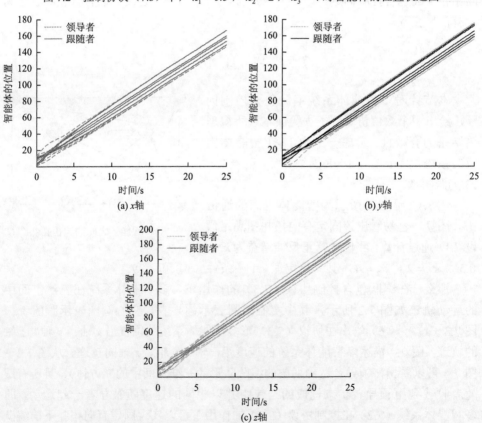

图 7.3　控制协议（7.3）下，$\kappa_1 = 0.5$，$\kappa_2 = 2$，$\kappa_3 = 4$ 时智能体的位置沿 x 轴、y 轴、
z 轴的轨迹图

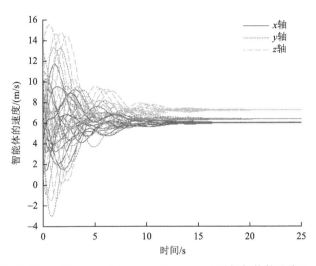

图 7.4　控制协议（7.3）下，$\kappa_1 = 0.5$，$\kappa_2 = 2$，$\kappa_3 = 4$ 时智能体的速度沿 x 轴、y 轴、z 轴的轨迹图

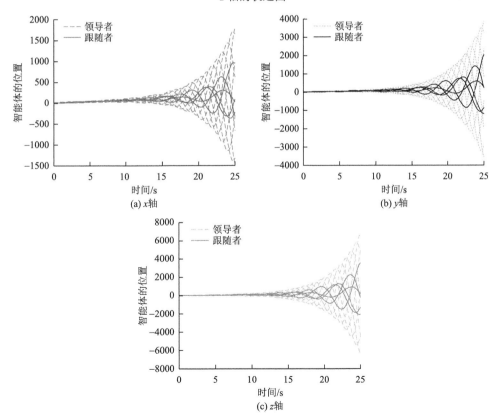

图 7.5　控制协议（7.3）下，$\kappa_1 = 1$，$\kappa_2 = 1.5$，$\kappa_3 = 2$ 时智能体的位置沿 x 轴、y 轴、z 轴的轨迹图

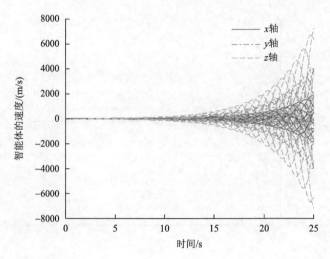

图 7.6 控制协议（7.3）下，$\kappa_1 = 1$，$\kappa_2 = 1.5$，$\kappa_3 = 2$ 时智能体的速度沿 x 轴、y 轴、z 轴的轨迹图

例 7.2 图 7.7 所示为具有切换信号 $\sigma(t) = \{1, 2, 3, 4\}$ 的切换有向通信拓扑图 $\bar{\mathcal{G}}(t)$，且切换过程为 $\bar{\mathcal{G}}_1 \to \bar{\mathcal{G}}_2 \to \bar{\mathcal{G}}_3 \to \bar{\mathcal{G}}_4 \to \bar{\mathcal{G}}_1 \to \cdots$。显然地，图 7.7（a）中的每个拓扑图都含有一个把领导者作为根节点的有向生成树，即假设 7.2 成立。选择停留时间为 $T = 1\text{s}$，正反馈增益为 $\kappa_1 = 0.5$、$\kappa_2 = 2$ 和 $\kappa_3 = 4$，其均满足定理 7.2 中的条件。因此，图 7.8 描述出在编队包含控制协议（7.12）的作用下，多智能体系统在切换

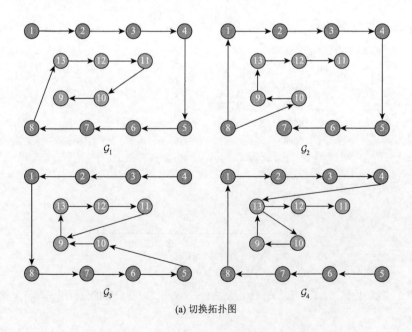

(a) 切换拓扑图

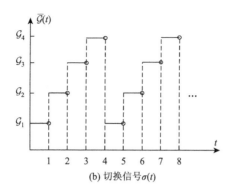

(b) 切换信号 $\sigma(t)$

图 7.7　具有切换信号 $\sigma(t) = \{1,2,3,4\}$ 的切换有向通信拓扑图 $\bar{\mathcal{G}}(t)$

有向通信拓扑下的三维空间运动轨迹。在协议（7.12）下多智能体系统的位置沿 x 轴、y 轴、z 轴的轨迹如图 7.9（a）～（c）所示。图 7.10（a）与（b）分别给出领导者和跟随者的速度沿 x 轴、y 轴、z 轴的轨迹。同样地，从图 7.8～图 7.10 可知，切换有向通信拓扑下，多智能体系统（7.2）的编队包含控制问题能在控制协议（7.12）的作用下得到解决。这与定理 7.2 中的结论是一致的。然而，当选择停留时间 $T = 0.5\mathrm{s}$，正反馈增益 $\kappa_1 = 1$、$\kappa_2 = 1.5$ 和 $\kappa_3 = 2$ 时，从图 7.11 和图 7.12 可以看出多智能体系统（7.2）不能实现切换有向拓扑下的编队包含控制。

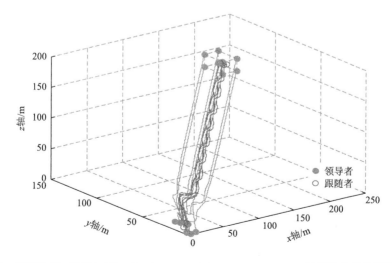

图 7.8　控制协议（7.12）下，$T = 1\mathrm{s}$，$\kappa_1 = 0.5$，$\kappa_2 = 2$，$\kappa_3 = 4$ 时智能体的位置轨迹图

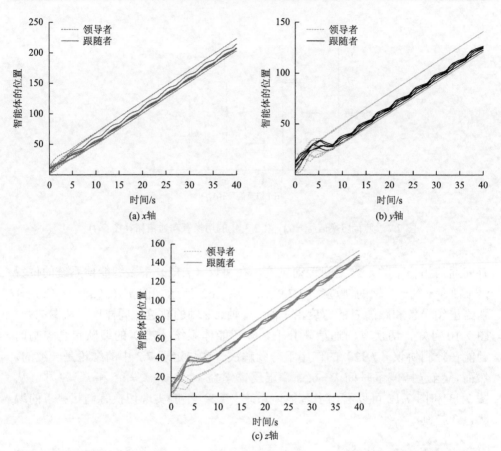

图 7.9　控制协议（7.12）下，$T=1\mathrm{s}$，$\kappa_1=0.5$，$\kappa_2=2$，$\kappa_3=4$ 时智能体的位置沿 x 轴、y 轴、z 轴的轨迹图

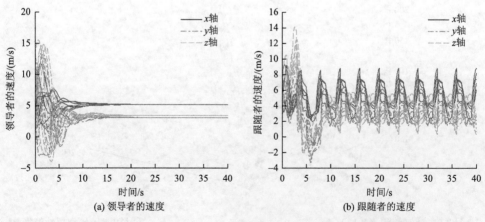

图 7.10　控制协议（7.12）下，$T=1\mathrm{s}$，$\kappa_1=0.5$，$\kappa_2=2$，$\kappa_3=4$ 时智能体的速度沿 x 轴、y 轴、z 轴的轨迹图

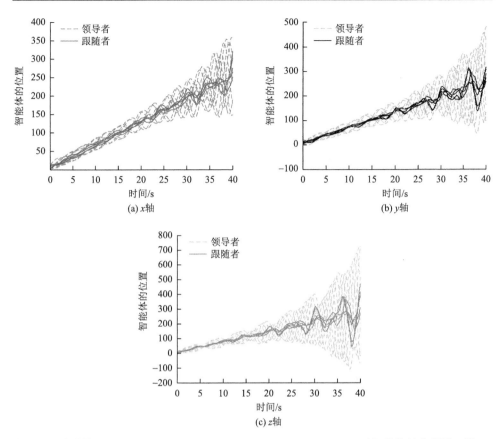

图 7.11　控制协议（7.12）下，$T = 0.5\text{s}$，$\kappa_1 = 1$，$\kappa_2 = 1.5$，$\kappa_3 = 2$ 时智能体的位置沿 x 轴、y 轴、z 轴的轨迹图

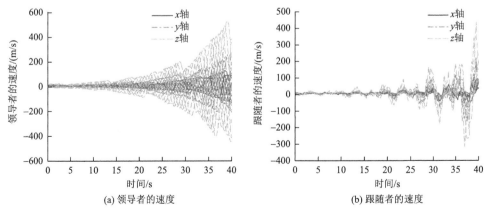

图 7.12　控制协议（7.12）下，$T = 0.5\text{s}$，$\kappa_1 = 1$，$\kappa_2 = 1.5$，$\kappa_3 = 2$ 时智能体的速度沿 x 轴、y 轴、z 轴的轨迹图

7.6　本章小结

本章研究了二阶多智能体系统的分布式编队包含控制问题，分别讨论了固定有向拓扑和切换有向拓扑两种情形。主要内容包括：当智能体之间的通信拓扑为固定的有向图时，基于邻居智能体相对位置和速度信息，设计了分布式编队包含控制协议，并利用代数图论和稳定性理论的相关知识，推导出了多智能体系统在该控制协议的作用下实现分布式编队包含控制的充分条件；当智能体之间的通信拓扑为切换的有向图时，提出了具有正反馈增益的编队包含控制协议，得到了二阶多智能体系统完成编队包含控制时正反馈增益和停留时间所需满足的充分条件；最后，通过数值仿真实例验证了本章理论结果的有效性。

参 考 文 献

[1]　Dong X，Shi Z，Lu G，et al. Formation-containment analysis and design for high-order linear time-invariant swarm systems[J]. International Journal of Robust and Nonlinear Control，2015，25（17）：3439-3456.

[2]　Dong X，Li Q，Ren Z，et al. Formation-containment control for high-order linear time-invariant multi-agent systems with time delays[J]. Journal of the Franklin Institute，2015，352（9）：3564-3584.

[3]　Dong X，Li Q，Ren Z，et al. Output formation-containment analysis and design for general linear time-invariant multi-agent systems[J]. Journal of the Franklin Institute，2016，353（2）：322-344.

[4]　Zheng B，Mu X. Formation-containment control of second-order multi-agent systems with only sampled position data[J]. International Journal of Systems Science，2016，47（15）：3609-3618.

[5]　Ren W，Beard R W. Consensus seeking in multiagent systems under dynamically changing interaction topologies[J]. IEEE Transactions on Automatic Control，2005，50（5）：655-661.

[6]　Han G S，Guan Z H，Cheng X M，et al. Multiconsensus of second order multiagent systems with directed topologies[J]. International Journal of Control，Automation and Systems，2013，11（6）：1122-1127.

[7]　Ren W，Atkins E. Distributed multi-vehicle coordinated control via local information exchange[J]. International Journal of Robust and Nonlinear Control，2007，17（10/11）：1002-1033.

[8]　Hu J，Yu J，Cao J. Distributed containment control for nonlinear multi-agent systems with time-delayed protocol[J]. Asian Journal of Control，2016，18（2）：747-756.

第8章 基于输出调节法的异质多智能体系统
输出一致性问题

8.1 概　　述

近年来，多智能体系统得到了迅猛的发展。多智能体系统的协同控制因其在许多领域的广泛应用而受到人们的广泛关注，其中这些领域包括工程学、生物学、物理学、社会学、机械学等。一致性作为协同控制问题最基本的研究课题之一，对实现各种集群行为起着至关重要的作用。一致性指的是通过利用局部的交互信息设计分布式控制协议，来驱使智能体达到一致的公共状态。根据许多现有文献可知，一致性问题已经从不同角度得到了广泛的研究，原因归结于其潜在的实际应用，具体包括移动机器人的编队[1, 2]、航天器姿态的同步[3, 4]、无人机的飞行[5, 6]等。

大多数关于一致性问题的研究工作都集中在同质的多智能体系统上，如一阶动力学[7, 8]、二阶动力学[9, 10]、高阶动力学[11, 12]和一般线性动力学[13, 14]等。事实上，在某些实际情况下，要求所有的智能体具有相同的动力学方程通常是不现实的。因此，在一致性控制器设计过程中不可忽略系统中的异质性，即系统中的个体是不相同的。由此，关于异质多智能体系统一致性的研究开始出现，并取得了一些重要的结果，如文献[15]～[18]。文献[15]分别研究了有速度测量和没有速度测量时异质多智能体系统的有限时间一致性问题，其中该系统由一阶和二阶积分器动力学组成。文献[16]在具有有向生成树的通信拓扑下，分别研究了一阶和二阶异质多智能体系统的一致性问题。文献[17]利用图论和 LaSalle 不变性原理，分别在有领导者和没有领导者的情况下，实现了具有输入饱和的异质多智能体系统的一致性。文献[18]针对具有不同个体结构和输入约束的异质多智能体系统，提出了一种自适应控制协议来解决领导者-跟随者一致性问题。值得注意的是，在上述文献中，只有相对状态信息被用来设计控制协议。然而，在某些实际应用中，获取智能体的全部状态信息是不可能的，也是不现实的。因此，需要采用反馈方法来解决异质多智能体系统的输出一致性问题。针对具有输入饱和和切换有向拓扑的异质多智能体系统，文献[19]提出了一种自适应控制协议来实现领导者-跟随者输出一致性。针对有向通信拓扑且动力学未知的异质多智能体系统，文献[20]设计了一种基于输出信息和观测器的自适应输出反馈一致性跟踪控制协议。

受输出调节理论相关成果[21-25]的启发，本章分别采用状态反馈控制方法和输出反馈控制方法，基于输出调节理论研究了异质多智能体系统的分布式输出一致性问题。特别地，在智能体的状态信息可用的情况下，通过状态反馈，提出一种分布式输出一致性控制协议。相反地，如果输出测量信息比状态信息更容易获取，则采用状态观测器和输出反馈方法设计控制器，以实现异质多智能体系统的输出一致性。

8.2　模型建立与问题描述

将多智能体系统的通信拓扑表示为加权有向图 $\mathcal{G} = \{\mathcal{V}, \mathcal{E}, \mathcal{A}\}$，其中 $\mathcal{V} = \{1, \cdots, N\}$、$\mathcal{E} \subset \mathcal{V} \times \mathcal{V}$ 和 $\mathcal{A} = [a_{ij}] \in \mathbb{R}^{N \times N}$ 分别表示一个节点集合、一个边集和一个非负加权邻接矩阵。有向边 $(i, j) \in \mathcal{E}$ 表示一条从智能体 j 可以接收智能体 i 的信息。邻接矩阵 $\mathcal{A}$ 中的元素都是非负的，即满足 $a_{ij} > 0$ 当且仅当 $e_{ij} \in \mathcal{E}$；否则 $a_{ij} = 0$。此外，通常假设加权有向图 $\mathcal{G}$ 中没有自环，即对于所有 $i \in \mathcal{V}$，$a_{ii} = 0$ 都成立。定义有向图 $\mathcal{G}$ 的拉普拉斯矩阵为 $\mathcal{L} = [l_{ij}]_{N \times N} = \mathcal{D} - \mathcal{A}$，其中 $l_{ij} = \sum\limits_{k=1, k \neq i}^{N} a_{ik}$，$j = i$ 和 $l_{ij} = -a_{ij}$，$j \neq i$。令 $\Delta = \text{diag}(a_{10}, a_{20}, \cdots, a_{N0})$，其中 a_{i0} 表示跟随者 i 与领导者之间的连接权重，$a_{i0} = 1$ 表示跟随者 i 可以接收领导者的信息，否则 $a_{i0} = 0$。

本章中，$\mathbb{R}$ 表示实数集，$\mathbf{1}_N$ 表示所有元素为 1 的 N 维列向量，I_N 表示 $N \times N$ 单位矩阵，$\otimes$ 表示 Kronecker 积。$\text{col}(x_1, x_2, \cdots, x_N)$ 表示元素分别为 $x_1, x_2, \cdots, x_N$ 的列向量，$\text{diag}(a_1, a_2, \cdots, a_N)$ 表示元素分别为 $a_1, a_2, \cdots, a_N$ 的对角矩阵，block diag$(b_1, b_2, \cdots, b_N)$ 表示分块对角矩阵。

在本章中我们考虑具有 N 个跟随者和 1 个领导者的多智能体系统。异质跟随者的动力学模型可以描述为

$$\begin{cases} \dot{x}_i(t) = A_i x_i(t) + B_i u_i(t) \\ y_i(t) = C_i x_i(t), \quad i = 1, 2, \cdots, N \end{cases} \tag{8.1}$$

式中，$x_i(t) \in \mathbb{R}^{m_i}$、$y_i(t) \in \mathbb{R}^{p_i}$ 和 $u_i(t) \in \mathbb{R}^{r_i}$ 分别表示跟随者 i 的状态量、输出量和控制输入。常数矩阵 A_i、B_i 和 C_i 都具有相容的维度。为此，我们引入两个有用的假设。

假设 8.1　矩阵对 (A_i, B_i) 对于所有的 $i = 1, 2, \cdots, N$ 都是可稳的。

假设 8.2　矩阵对 (A_i, C_i) 对于所有的 $i = 1, 2, \cdots, N$ 都是可观的。

此外，假设参考信号是由领导者产生的（记为 0），且可以被看作具有如下形式的外部系统：

$$\begin{cases} \dot{x}_0(t) = S x_0(t) \\ y_0(t) = D x_0(t) \end{cases} \tag{8.2}$$

式中，$x_0(t) \in \mathbb{R}^{m_0}$ 和 $y_0(t) \in \mathbb{R}^{p_0}$ 分别表示领导者的状态量和输出量。

假设 8.3　矩阵对 (D, S) 是可观的。

假设 8.4　对于所有 $i = 1, 2, \cdots, N$，以下线性矩阵方程存在解对 (Π_i, U_i)：

$$\begin{cases} \Pi_i S = A_i \Pi_i + B_i U_i \\ C_i \Pi_i = D \end{cases} \tag{8.3}$$

定义每个跟随者的调节输出误差为

$$e_i(t) = y_i(t) - y_0(t), \ i = 1, 2, \cdots, N$$

本章的控制目标是通过设计分布式控制器，使得异质多智能体系统的输出一致性问题可以用输出调节方法来解决。在文献[22]、[24]的启发下，分布式输出一致性问题可以转化为输出调节问题，其定义如下所示。

定义 8.1　针对异质系统（8.1）和外部系统（8.2），通过设计控制器来使其满足以下两个特性：

（1）由系统（8.1）、（8.2）和设计的控制器所组成的整个闭环系统是渐近稳定的；

（2）对于任意初始条件 $x_i(0)$ 和 $y_i(0)$ 而言，输出调节误差 $e_i(t)$ 随着 $t \to \infty$ 将趋近于 0。

8.3　带状态反馈的输出一致性

本节为了解决异质多智能体系统的输出调节问题，设计了一种基于状态反馈的输出一致性控制器。针对异质系统（8.1）和外部系统（8.2），设计如下的分布式控制协议：

$$\begin{cases} \dot{z}_i(t) = S z_i(t) + F\left(\sum_{j=1}^{N} a_{ij}(z_j(t) - z_i(t)) + a_{i0}(x_0(t) - z_i(t)) \right) \\ u_i(t) = K_{1i} x_i(t) + K_{2i} z_i(t), \ i = 1, 2, \cdots, N \end{cases} \tag{8.4}$$

式中，$z_i(t)$ 为控制器的辅助状态；K_{1i}、K_{2i} 和 F 为待设计的增益矩阵。

定理 8.1　假定假设 8.1～假设 8.4 成立。当满足以下两个条件时，异质多智能体系统（8.1）与外部系统（8.2）的输出一致性问题可以用控制协议（8.4）来解决。

（1）$F = \tau P$，其中 τ 是使得 $\tau \lambda_1 > 1$ 成立的正常数，λ_1 是矩阵 $L + \Delta$ 的最小特征值，正定矩阵 P 是如下不等式的解：

$$PS + S^{\mathrm{T}} P - 2P^2 < 0 \tag{8.5}$$

（2）对于 $i = 1, 2, \cdots, N$，可以选择 K_{1i} 和 K_{2i} 使得矩阵 $A_i + B_i K_{1i}$ 是赫尔维茨的，其中 (Π_i, U_i) 是式（8.3）的解。

证明 在控制器（8.4）下，第 i 个智能体的闭环系统可以表示为

$$\begin{cases} \dot{x}_i(t) = (A_i + B_i K_{1i}) x_i(t) + B_i K_{2i} z_i(t) \\ \dot{z}_i(t) = S z_i(t) + F \left(\sum_{j=1}^{N} a_{ij}(z_j(t) - z_i(t)) + a_{i0}(x_0(t) - z_i(t)) \right) \end{cases} \quad (8.6)$$

令 $x = \mathrm{col}(x_1, x_2, \cdots, x_N)$，$z = \mathrm{col}(z_1, z_2, \cdots, z_N)$，$\overline{A} = \mathrm{block\,diag}(A_1, \cdots, A_N)$，$\overline{B} = \mathrm{block\,diag}(B_1, \cdots, B_N)$，$\Delta = \mathrm{diag}(a_{10}, a_{20}, \cdots, a_{N0})$，$K_1 = \mathrm{block\,diag}(K_{11}, K_{12}, \cdots, K_{1N})$，$K_2 = \mathrm{block\,diag}(K_{21}, K_{22}, \cdots, K_{2N})$，$\xi_0(t) = \mathbf{1}_N \otimes x_0(t)$。则闭环系统（8.5）的紧凑形式可以表示为

$$\begin{cases} \dot{x}(t) = (\overline{A} + \overline{B} K_1) x(t) + \overline{B} K_2 z(t) \\ \dot{z}(t) = (I_N \otimes S - (L + \Delta) \otimes F) z(t) + ((L + \Delta) \otimes F) \xi_0(t) \end{cases} \quad (8.7)$$

定义 $x_c(t) = [x^{\mathrm{T}}(t), z^{\mathrm{T}}(t)]^{\mathrm{T}}$，则式（8.7）可以转化为以下形式：

$$\dot{x}_c(t) = A_c x_c(t) + B_c \xi_0(t) \quad (8.8)$$

式中，$A_c = \begin{bmatrix} \overline{A} + \overline{B} K_1 & \overline{B} K_2 \\ 0 & I_N \otimes S - (L + \Delta) \otimes F \end{bmatrix}$，$B_c = \begin{pmatrix} 0 \\ (L + \Delta) \otimes F \end{pmatrix}$。

首先，我们重点研究闭环系统（8.7）的渐近稳定性的证明。显然，当矩阵 A_c 是赫尔维茨时，闭环系统（8.7）是渐近稳定的。由于矩阵 $A_i + B_i K_{1i}$ 是赫尔维茨的，所以矩阵 $\overline{A} + \overline{B} K_1$ 也是赫尔维茨的。因此，当且仅当矩阵 A_c 是赫尔维茨时，矩阵 $I_N \otimes S - (L + \Delta) \otimes F$ 也是赫尔维茨的。由于矩阵 $L + \Delta$ 是对称矩阵，则存在正交矩阵 U 使得如下等式成立：

$$U(L + \Delta) U^{\mathrm{T}} = J = \mathrm{diag}(\lambda_1, \lambda_2, \cdots, \lambda_N) \quad (8.9)$$

式中，λ_i（$i = 1, 2, \cdots, N$）是矩阵 $L + \Delta$ 的特征值且矩阵 U 满足 $U U^{\mathrm{T}} = I_N$。那么，由式（8.9）可得

$$\begin{aligned} & I_N \otimes S - (L + \Delta) \otimes F \\ =\ & I_N \otimes S - (L + \Delta) \otimes \tau P \\ =\ & (U^{\mathrm{T}} \otimes I_N)(I_N \otimes S - J \otimes \tau P)(U \otimes I_N) \\ =\ & (U^{\mathrm{T}} \otimes I_N)\mathrm{diag}(S - \lambda_1 \tau P, S - \lambda_2 \tau P, \cdots, S - \lambda_N \tau P)(U \otimes I_N) \\ \leqslant\ & (U^{\mathrm{T}} \otimes I_N)\mathrm{diag}(S - P, S - P, \cdots, S - P)(U \otimes I_N) \end{aligned} \quad (8.10)$$

另外，由式（8.5）可知

$$PS + S^{\mathrm{T}} P - 2P^2 = P(S - P) + (S - P)^{\mathrm{T}} P < 0$$

结合式（8.10）可得矩阵 $I_N \otimes S - (L + \Delta) \otimes F$ 是赫尔维茨的。因此，我们可以得出矩阵 A_c 为赫尔维茨的且整个闭环系统是渐近稳定的。

接下来，我们将证明调节输出误差 $e_i(t)$（$i = 1, 2, \cdots, N$）将随着 $t \to \infty$ 而收敛到零。令 $\overline{x}_i(t) = x_i(t) - \Pi_i x_0(t)$，则有

$$\dot{\overline{x}}_i(t) = \dot{x}_i(t) - \Pi_i \dot{x}_0(t)$$
$$= A_i x_i(t) + B_i(K_{1i} x_i(t) + K_{2i} z_i(t)) - \Pi_i(Sx_0(t))$$
$$= (A_i + B_i K_{1i}) x_i(t) + B_i K_{2i} z_i(t) - \Pi_i Sx_0(t) \qquad (8.11)$$

利用式（8.3）中的第一个方程和 $K_{2i} = U_i - K_{1i}\Pi_i$，式（8.11）可以化简为

$$\dot{\overline{x}}_i(t) = (A_i + B_i K_{1i}) x_i(t) + (B_i U_i - B_i K_{1i}\Pi_i) z_i(t) - (A_i\Pi_i + B_i U_i) x_0(t)$$
$$= (A_i + B_i K_{1i})\overline{x}_i(t) + B_i K_{2i}(z_i(t) - x_0(t)) \qquad (8.12)$$

可以从文献[24]中的引理 2 看出，对于所有 $i = 1,2,\cdots,N$ 均有 $\lim\limits_{t\to\infty} z_i(t) - x_0(t) = 0$ 成立。由于矩阵 $A_i + B_i K_{1i}$ 是赫尔维茨的，容易推得 $\lim\limits_{t\to\infty}\overline{x}_i(t) = 0$。因此，可以推导出调节输出误差满足

$$\lim_{t\to\infty} e_i(t) = \lim_{t\to\infty}(y_i(t) - y_0(t))$$
$$= \lim_{t\to\infty}(C_i x_i(t) - Dx_0(t))$$

由式（8.3）中的第二个方程可以计算出调节输出误差为

$$\lim_{t\to\infty} e_i(t) = \lim_{t\to\infty}(C_i x_i(t) - Dx_0(t))$$
$$= \lim_{t\to\infty}(C_i x_i(t) - C_i\Pi_i x_0(t))$$
$$= \lim_{t\to\infty} C_i(x_i(t) - \Pi_i x_0(t))$$
$$= \lim_{t\to\infty} C_i\overline{x}_i(t) = 0$$

这意味着对于任意初值 $x_i(0)$、$y_i(0)$ 来说，调节输出误差随着 $t\to\infty$ 而 $e_i(t)\to 0$，$i = 1,2,\cdots,N$。因此，根据定义 8.1 可知，通过控制协议（8.4）实现了线性异质多智能体系统（8.1）与外部系统（8.2）的输出一致性。定理 8.1 得证。□

8.4　带输出反馈的输出一致性

在一些实际应用中，智能体的状态信息并不总是可用的，而输出测量信息却很容易获得。因此，需要利用输出信息设计状态观测器。接下来，本节提出如下的一种基于状态观测器和输出反馈的输出一致控制协议：

$$\begin{cases} \dot{z}_i(t) = Sz_i(t) + F\left(\displaystyle\sum_{j=1}^{N} a_{ij}(z_j(t) - z_i(t)) + a_{i0}(x_0(t) - z_i(t))\right) \\ \dot{\hat{x}}_i(t) = A_i\hat{x}_i(t) + B_i u_i - Q_i(y_i(t) - C_i\hat{x}_i(t)) \\ u_i(t) = K_{1i}\hat{x}_i(t) + K_{2i} z_i(t),\ i = 1,2,\cdots,N \end{cases} \qquad (8.13)$$

式中，$z_i(t)$ 为控制器的辅助状态；$\hat{x}_i(t)$ 为状态 $x_i(t)$ 的估计值；K_{1i}、K_{2i}、Q_i 和 F 为待设计的增益矩阵。

定理 8.2　假定假设 8.1～假设 8.4 成立。当满足以下两个条件时，异质多智

能体系统（8.1）与外部系统（8.2）的输出一致性问题可以用控制协议（8.13）来解决：

（1）$F = \tau P$，其中正定矩阵 P 仍是不等式（8.5）的解，τ 是使得 $\tau \lambda_1 > 1$ 成立的正常数，λ_1 是矩阵 $L + \Delta$ 的最小特征值；

（2）对于 $i = 1, 2, \cdots, N$，可以选择 K_{1i} 和 Q_i 使得矩阵 $A_i + B_i K_{1i}$ 和 $A_i + Q_i C_i$ 是赫尔维茨的，且令 K_{2i} 满足等式 $K_{2i} = U_i - K_{1i} \Pi_i$，其中 (Π_i, U_i) 是式（8.3）的解。

证明　在控制器（8.13）的作用下，第 i 个智能体的闭环系统可以表示为

$$\begin{cases} \dot{x}_i(t) = A_i x_i(t) + B_i K_{1i} \hat{x}_i(t) + B_i K_{2i} z_i(t) \\ \dot{\hat{x}}_i(t) = A_i \hat{x}_i(t) + B_i u_i - Q_i(y_i(t) - C_i \hat{x}_i(t)) \\ \dot{z}_i(t) = S z_i(t) + F\left(\sum_{j=1}^{N} a_{ij}(z_j(t) - z_i(t)) + a_{i0}(x_0(t) - z_i(t)) \right) \end{cases} \quad (8.14)$$

与定理 8.1 的证明类似，我们可以得到闭环系统（8.14）的紧凑形式为

$$\begin{cases} \dot{x}(t) = \bar{A} x(t) + \bar{B} K_1 \hat{x}(t) + \bar{B} K_2 z(t) \\ \dot{\hat{x}}(t) = (\bar{A} + \bar{B} K_1 + Q\bar{C}) \hat{x}(t) + \bar{B} K_2 z(t) - Q\bar{C} x(t) \\ \dot{z}(t) = (I_N \otimes S - (L + \Delta) \otimes F) z(t) + ((L + \Delta) \otimes F) \xi_0(t) \end{cases} \quad (8.15)$$

式中，$\hat{x} = \mathrm{col}(\hat{x}_1, \hat{x}_2, \cdots, \hat{x}_N)$；$\bar{C} = \mathrm{block\ diag}(C_1, C_2, \cdots, C_N)$；$Q = \mathrm{block\ diag}(Q_1, Q_2, \cdots, Q_N)$；$x(t)$、$z(t)$、$\bar{A}$、$\bar{B}$、$\Delta$、$K_1$、$K_2$ 和 $\xi_0(t)$ 在前面已经定义过。令 $\tilde{x}_c(t) = [x^\mathrm{T}(t), \hat{x}^\mathrm{T}(t), z^\mathrm{T}(t)]^\mathrm{T}$，则式（8.15）可以转化为如下形式：

$$\dot{\tilde{x}}_c(t) = \tilde{A}_c \tilde{x}_c(t) + \tilde{B}_c \xi_0(t) \quad (8.16)$$

式中，$\tilde{A}_c = \begin{bmatrix} \bar{A} & \bar{B} K_1 & \bar{B} K_2 \\ -Q\bar{C} & \bar{A} + \bar{B} K_1 + Q\bar{C} & \bar{B} K_2 \\ 0 & 0 & I_N \otimes S - (L + \Delta) \otimes F \end{bmatrix}$；$\tilde{B}_c = \begin{pmatrix} 0 \\ 0 \\ (L + \Delta) \otimes F \end{pmatrix}$。

同样地，首先需要证明闭环系统（8.15）的渐近稳定性。也就是说，我们只需要验证 $\tilde{A}_c$ 是一个赫尔维茨矩阵。在矩阵 $\tilde{A}_c$ 中，将其第二行减去第一行，然后再把第二列加到第一列，可得

$$\begin{bmatrix} \bar{A} + \bar{B} K_1 & \bar{B} K_1 & \bar{B} K_2 \\ 0 & \bar{A} + Q\bar{C} & 0 \\ 0 & 0 & I_N \otimes S - (L + \Delta) \otimes F \end{bmatrix} \quad (8.17)$$

这是一个上三角分块矩阵形式。然后，需要证明矩阵（8.17）是赫尔维茨的。由于矩阵 $A_i + B_i K_{1i}$ 和 $A_i + Q_i C_i$ 是赫尔维茨的，则矩阵 $\bar{A} + \bar{B} K_1$ 和 $\bar{A} + Q\bar{C}$ 也是赫尔维茨的。此外，由定理 8.1 的证明可以得到矩阵 $I_N \otimes S - (L + \Delta) \otimes F$ 是赫尔维茨的。综上所述，我们可知矩阵（8.17）是赫尔维茨的，即矩阵 $\tilde{A}_c$ 是赫尔维茨的。接下来，我们将要证明调节输出误差 $e_i(t)$（$i = 1, 2, \cdots, N$）将随着 $t \to \infty$ 而收敛到零。

定义 $\bar{x}_i(t) = x_i(t) - \Pi_i x_0(t)$ 和 $\varphi_i(t) = x_i(t) - \hat{x}_i(t)$，则有

$$
\begin{aligned}
\dot{\varphi}_i(t) &= \dot{x}_i(t) - \dot{\hat{x}}_i(t) \\
&= A_i(x_i(t) - \hat{x}_i(t)) + Q_i(y_i(t) - C_i\hat{x}_i(t)) \\
&= A_i(x_i(t) - \hat{x}_i(t)) + Q_iC_i(x_i(t) - \hat{x}_i(t)) \\
&= (A_i + Q_iC_i)(x_i(t) - \hat{x}_i(t)) \\
&= (A_i + Q_iC_i)\varphi_i(t)
\end{aligned}
\tag{8.18}
$$

和

$$
\begin{aligned}
\dot{\bar{x}}_i(t) &= \dot{x}_i(t) - \Pi_i\dot{x}_0(t) \\
&= A_ix_i(t) + B_i(K_{1i}\hat{x}_i(t) + K_{2i}z_i(t)) - \Pi_i(Sx_0(t)) \\
&= A_ix_i(t) + B_i(K_{1i}\hat{x}_i(t) + K_{2i}z_i(t)) - (A_i\Pi_i + B_iU_i)(Sx_0(t)) \\
&= (A_i + B_iK_{1i})\bar{x}_i(t) + B_iK_{1i}(\hat{x}_i(t) - x_i(t)) + B_i(U_i - K_{1i}\Pi_i)(z_i(t) - x_0(t))
\end{aligned}
\tag{8.19}
$$

由于矩阵 $A_i + Q_iC_i$ 是赫尔维茨的，从式（8.18）可以得出对于所有 $i = 1, 2, \cdots, N$ 都有 $\lim\limits_{t\to\infty}\varphi_i(t) = 0$ 和 $\lim\limits_{t\to\infty}x_i(t) - \hat{x}_i(t) = 0$ 成立。结合 $\lim\limits_{t\to\infty}z_i(t) - x_0(t) = 0$ 和矩阵 $A_i + B_iK_{1i}$ 是赫尔维茨的，我们可以从式（8.19）得出对于所有 $i = 1, 2, \cdots, N$ 均有 $\lim\limits_{t\to\infty}\bar{x}_i(t) = 0$ 成立。这意味着调节输出误差满足

$$
\begin{aligned}
\lim_{t\to\infty}e_i(t) &= \lim_{t\to\infty}(C_ix_i(t) - Dx_0(t)) \\
&= \lim_{t\to\infty}(C_ix_i(t) - C_i\Pi_ix_0(t)) \\
&= \lim_{t\to\infty}C_i(x_i(t) - \Pi_ix_0(t)) \\
&= \lim_{t\to\infty}C_i\bar{x}_i(t) = 0
\end{aligned}
$$

因此，对于任意初值 $x_i(0)$、$y_i(0)$ 来说，调节输出误差随着 $t \to \infty$ 而 $e_i(t) \to 0$（$i = 1, 2, \cdots, N$）。最后，根据以上分析，我们可以得出，对于异质线性多智能体系统（8.1）及外部系统（8.2），能通过控制协议（8.13）来实现输出一致性。定理 8.2 得证。□

8.5　数 值 仿 真

　　本节我们给出两个数值仿真例子来验证所设计输出一致性控制方法的有效性。考虑拓扑结构如图 8.1 所示的异质线性多智能体系统（8.1），其中编号 0 为领导者，编号 1~4 为跟随者。智能体 i 的参数分别设置为

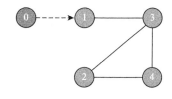

图 8.1　智能体之间的
通信拓扑图 $\mathcal{G}$

$$A_1 = \begin{bmatrix} 0 & 1 \\ -2 & -0.8 \end{bmatrix}, \quad A_2 = \begin{bmatrix} 0 & 1 \\ -1.5 & -1 \end{bmatrix}, \quad A_3 = \begin{bmatrix} 0 & 1 \\ -1 & -1.2 \end{bmatrix}, \quad A_4 = \begin{bmatrix} 0 & 1 \\ -0.5 & -1.4 \end{bmatrix}$$

$$B_1 = \begin{bmatrix} 0 \\ 1 \end{bmatrix}, \quad B_2 = \begin{bmatrix} 0 \\ 1.2 \end{bmatrix}, \quad B_3 = \begin{bmatrix} 0 \\ 0.5 \end{bmatrix}, \quad B_4 = \begin{bmatrix} 0 \\ 1.3 \end{bmatrix}$$

$$C_i = [0 \quad 1], \quad i = 1,2,3,4, \quad S = \begin{bmatrix} 0 & 1 \\ -1 & 0 \end{bmatrix}, \quad D = [1 \quad 0]$$

很容易验证假设 8.1~假设 8.3 都满足。

例 8.1 第一个例子用来验证定理 8.1 的有效性。通过求解不等式（8.5），我们可以得到增益矩阵 $F = \begin{bmatrix} -6/7 \\ 2/7 \end{bmatrix}$。选定参数 $K_{11} = [1 \quad 0.4]$，$K_{12} = [0.75 \quad 0.5]$，$K_{13} = [0.5 \quad 0.6]$，$K_{14} = [0.25 \quad 0.7]$，使得矩阵 $A_i + B_i K_{1i}$ 是赫尔维茨的。利用式（8.3）和 $K_{2i} = U_i - K_{1i}\Pi_i$，可以计算出 $K_{21} = [0 \quad 0.4]$，$K_{22} = [-0.25 \quad 0.5]$，$K_{23} = [-0.5 \quad 0.6]$，$K_{24} = [-0.75 \quad 0.7]$。不失一般性，初始状态值 $x_i(0)$，$z_i(0)$，$i = 1,2,3,4$ 和 $x_0(0)$ 在区间 $[-1 \quad 1]$ 内任意选择。

由图 8.2 和图 8.3 所示的结果可以直观地看出，异质线性多智能体系统（8.1）和外部系统（8.2）的输出一致性问题可以通过状态反馈一致性控制协议（8.4）来解决。图 8.2 画出了所有智能体的输出状态轨迹图。图 8.3 描绘了基于状态反馈的输出一致性问题中调节输出误差的轨迹图，可以观察到所有智能体的调节输出误差收敛到零。

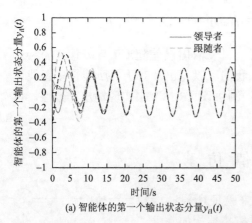 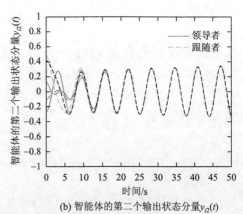

(a) 智能体的第一个输出状态分量 $y_{i1}(t)$ (b) 智能体的第二个输出状态分量 $y_{i2}(t)$

图 8.2 智能体的输出状态轨迹图

例 8.2 第二个例子用来验证定理 8.2 的有效性。同样地，选择与例 8.1 相同的增益矩阵 F、K_{1i} 和 K_{2i}，$i = 1,2,3,4$。特别地，选定 $Q_1 = \begin{bmatrix} 0.4 \\ 0.68 \end{bmatrix}$，$Q_2 = \begin{bmatrix} 0.5 \\ 0 \end{bmatrix}$，

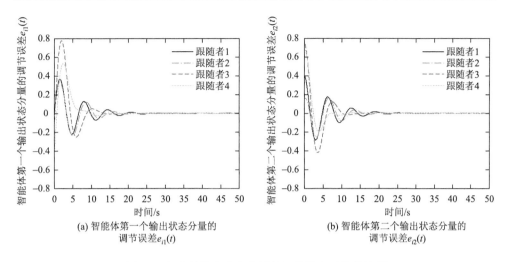

图 8.3　智能体输出状态分量的调节输出误差轨迹图

$Q_3 = \begin{bmatrix} 0.6 \\ -0.72 \end{bmatrix}$，$Q_4 = \begin{bmatrix} 0.7 \\ -1.48 \end{bmatrix}$，使得矩阵 $A_i + Q_i C_i$ 是赫尔维茨的。初始状态值 $x_i(0)$、

$z_i(0)$、$\hat{x}_i(0)$，$i = 1,2,3,4$ 和 $x_0(0)$ 在区间 [−0.5　0.5] 内任意选择。

　　那么，由图 8.4～图 8.6 可以看出，在输出反馈一致性控制协议（8.13）的作用下，异质线性多智能体系统（8.1）和外部系统（8.2）可以实现输出一致性，这与定理 8.2 建立的结果一致。图 8.4 显示了所有智能体的输出状态轨迹图。图 8.5 描述了智能体的状态观测器误差轨迹图，可以看到设计的观测器能成功估计系统的状态。图 8.6 显示了当时间趋于无穷大时，智能体的调节输出误差收敛到零。

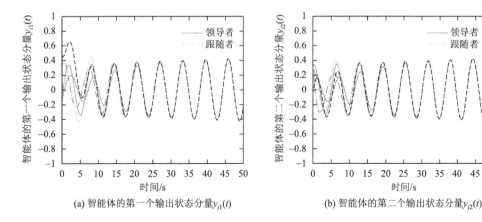

图 8.4　智能体的输出状态轨迹图

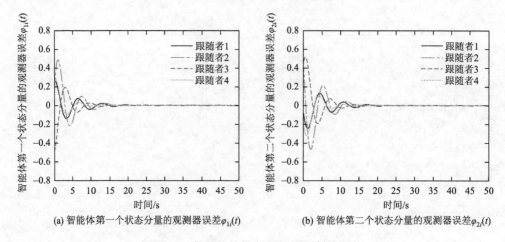

(a) 智能体第一个状态分量的观测器误差$\varphi_{1i}(t)$　　　　(b) 智能体第二个状态分量的观测器误差$\varphi_{2i}(t)$

图 8.5　智能体的状态观测器误差轨迹图

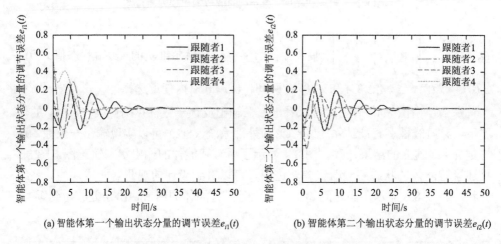

(a) 智能体第一个输出状态分量的调节误差$e_{i1}(t)$　　　　(b) 智能体第二个输出状态分量的调节误差$e_{i2}(t)$

图 8.6　智能体输出状态分量的调节误差轨迹图

8.6　本　章　小　结

　　本章采用输出调节方法来解决异质多智能体系统的输出一致性问题，且系统中每个智能体具有不同的动态特性。主要内容包括：当智能体状态可测时，基于状态反馈的方法提出了一种分布式输出一致性控制协议；当智能体状态不可测时，基于状态观测器和输出反馈方法，提出了一种输出一致性协议来实现异质多智能体系统的输出一致性。最后，通过两个数值算例验证了理论结果的有效性。

参 考 文 献

[1]　Consolini L，Morbidi F，Prattichizzo D，et al. Leader-follower formation control of nonholonomic mobile robots

with input constraints[J]. Automatica，2008，44（5）：1343-1349.

[2]　Wang W，Huang J，Wen C，et al. Distributed adaptive control for consensus tracking with application to formation control of nonholonomic mobile robots[J]. Automatica，2014，50（4）：1254-1263.

[3]　Abdessameud A，Tayebi A. Attitude synchronization of a group of spacecraft without velocity measurements[J]. IEEE Transactions on Automatic Control，2009，54（11）：2642-2648.

[4]　Du H，Li S，Qian C. Finite-time attitude tracking control of spacecraft with application to attitude synchronization[J]. IEEE Transactions on Automatic Control，2011，56（11）：2711-2717.

[5]　Abdessameud A，Tayebi A. Formation control of VTOL unmanned aerial vehicles with communication delays[J]. Automatica，2011，47（11）：2383-2394.

[6]　Dong X，Yu B，Shi Z，et al. Time-varying formation control for unmanned aerial vehicles：Theories and applications[J]. IEEE Transactions on Control Systems Technology，2015，23（1）：340-348.

[7]　Olfati-Saber R，Murray R M. Consensus problems in networks of agents with switching topology and time-delays[J]. IEEE Transactions on Automatic Control，2004，49（9）：1520-1533.

[8]　Ren W，Beard R W. Consensus seeking in multiagent systems under dynamically changing interaction topologies[J]. IEEE Transactions on Automatic Control，2005，50（5）：655-661.

[9]　Yu W，Chen G，Cao M. Some necessary and sufficient conditions for second-order consensus in multi-agent dynamical systems[J]. Automatica，2010，46（6）：1089-1095.

[10]　Guan Z H，Liu Z W，Feng G，et al. Impulsive consensus algorithms for second-order multi-agent networks with sampled information[J]. Automatica，2012，48（7）：1397-1404.

[11]　Song Q，Cao J，Yu W. Second-order leader-following consensus of nonlinear multi-agent systems via pinning control[J]. Systems and Control Letters，2010，59（9）：553-562.

[12]　Tian Y P，Zhang Y. High-order consensus of heterogeneous multi-agent systems with unknown communication delays[J]. Automatica，2012，48（6）：1205-1212.

[13]　Wen G，Duan Z，Ren W，et al. Distributed consensus of multi-agent systems with general linear node dynamics and intermittent communications[J]. International Journal of Robust and Nonlinear Control，2014，24（16）：2438-2457.

[14]　Zhu W，Zhou Q，Wang D. Consensus of linear multi-agent systems via adaptive event-based protocols[J]. Neurocomputing，2018，318：175-181.

[15]　Zheng Y，Wang L. Finite-time consensus of heterogeneous multi-agent systems with and without velocity measurements[J]. Systems and Control Letters，2012，61（8）：871-878.

[16]　Feng Y，Xu S，Lewis F L，et al. Consensus of heterogeneous first-and second-order multi-agent systems with directed communication topologies[J]. International Journal of Robust and Nonlinear Control，2015，25（3）：362-375.

[17]　Geng H，Chen Z，Liu Z，et al. Consensus of a heterogeneous multi-agent system with input saturation[J]. Neurocomputing，2015，166（C）：382-388.

[18]　Xiao F，Chen T. Adaptive consensus in leader-following networks of heterogeneous linear systems[J]. IEEE Transactions on Control of Network Systems，2018，5（3）：1169-1176.

[19]　Yang Y，Yue D，Dou C. Distributed adaptive output consensus control of a class of heterogeneous multi-agent systems under switching directed topologies[J]. Information Sciences，2016，345：294-312.

[20]　Sun J，Geng Z，Lv Y. Adaptive output feedback consensus tracking for heterogeneous multi-agent systems with unknown dynamics under directed graphs[J]. Systems and Control Letters，2016，87：16-22.

[21]　Su Y，Huang J. Cooperative output regulation of linear multi-agent systems[J]. IEEE Transactions on Automatic

Control，2012，57（4）：1062-1066.

[22]　Hong Y，Wang X，Jiang Z P. Distributed output regulation of leader-follower multi-agent systems[J]. International Journal of Robust and Nonlinear Control，2013，23（1）：48-66.

[23]　Su Y. Cooperative global output regulation of second-order nonlinear multi-agent systems with unknown control direction[J]. IEEE Transactions on Automatic Control，2015，60（12）：3275-3280.

[24]　Ma Q，Miao G. Output consensus for heterogeneous multi-agent systems with linear dynamics[J]. Applied Mathematics and Computation，2015，271：548-555.

[25]　Hu W，Liu L. Cooperative output regulation of heterogeneous linear multi-agent systems by event-triggered control[J]. IEEE Transactions on Cybernetics，2017，47（1）：105-116.

第9章 基于扰动的多智能体系统固定时间二部一致性问题

9.1 概 述

在过去的二十年中，多智能体系统在控制系统领域迅猛发展。与网络化系统相比，多智能体系统不仅可以为大规模系统的研究提供建模和分析方法，而且为社会网络中出现的复杂现象提供了科学依据。一致性问题是掌握多智能体系统的核心，一直受到不同领域专家的密切关注，这主要归因于其广泛的应用，如群集控制[1]、编队控制[2]、包含控制[3]等。一致性的基本思想是每个智能体通过相互通信来更新自身的信息，最后都收敛于同一状态。其研究范围涉及二部一致性与组一致性等。到目前为止，各种控制方法，如自适应控制和反馈控制等都已经应用到二部一致性协议设计中。

在多智能体系统中，收敛速度作为评价所提出一致性算法性能的指标具有极大作用。然而，大多数研究成果考虑控制精度和鲁棒不确定性时都只能使系统实现渐近一致性。以时间优化为目标，在有限时间里使智能体保证一致性的办法才是时间最优策略。有限时间一致性算法不仅具有收敛速度更快的优点，而且鲁棒性也更好。Meng 等[4]基于相邻邻居原则设计了两种有限时间二部一致性协议，保证了多智能体在有限时间里达到数值相同但符号相反的状态。Shang[5]给出固定拓扑图下任意两个智能体间是合作竞争关系时，可以达到有限时间一致性的充分条件。Wang 和 Xiao[6]研究两类有限时间一致性算法问题，并且讨论了收敛时间、初始状态等系统性能因素。值得提及的是，有限时间一致性中的收敛时间上界依赖于初值的选取，若系统没有给出初值，则无法确定收敛时间的上界。所以，越来越多专家开始把多智能体的有限时间算法推广到固定时间算法，并分析与一致性相关的问题。Defoort 等[7]基于局部信息确保了追踪误差在设定时间里收敛，解决了具有未知动态一阶积分器的固定时间一致性。

据我们所知，关于固定时间下多智能体系统二部一致性控制的相关成果还很少。根据以上对已有文献的分析和受到之前关于二部一致性相关成果的启发，本章旨在分析有界扰动下多智能体系统的固定时间二部一致性问题。本章分别在有扰动和无扰动下，设计固定时间协议，解决固定时间的二部一致性问题，并得到多智能体系统完成二部一致性时所需时间的上界。

9.2　问题描述

假设本章分析一类受扰多智能体系统包括 N 个智能体，其数学表达式是

$$\dot{x}_i(t) = u_i(t) + w_i(t), \quad i = 1, 2, \cdots, N \tag{9.1}$$

式中，$x_i(t) \in \mathbb{R}$ 和 $u_i(t) \in \mathbb{R}$ 分别为智能体 i 的状态向量和控制协议；w_i 为每个智能体中存在的有界扰动，满足条件 $w_i(t) \leqslant b_w$ 且 $b_w \geqslant 0$ 是已知常数。为了便于我们分析，本章证明所需的引理如下。

引理 9.1　对任意 i 和 t，有

$$-w_i \sum_{i=1}^{N} \left(\sum_{j=1}^{N} a_{ij}(x_j(t) - \mathrm{sgn}(a_{ij})x_i(t)) \right) \leqslant b_w \sum_{i=1}^{N} \left| \sum_{j=1}^{N} a_{ij}(x_j(t) - \mathrm{sgn}(a_{ij})x_i(t)) \right|$$

证明　由于 $|w_i(t)| \leqslant b_w$，则有

$$|w_i| \sum_{i=1}^{N} \left| \sum_{j=1}^{N} a_{ij}(x_j(t) - \mathrm{sgn}(a_{ij})x_i(t)) \right| \leqslant b_w \sum_{i=1}^{N} \left| \sum_{j=1}^{N} a_{ij}(x_j(t) - \mathrm{sgn}(a_{ij})x_i(t)) \right|$$

另外，

$$-w_i \sum_{i=1}^{N} \left(\sum_{j=1}^{N} a_{ij}(x_j(t) - \mathrm{sgn}(a_{ij})x_i(t)) \right) \leqslant |w_i| \sum_{i=1}^{N} \left| \sum_{j=1}^{N} a_{ij}(x_j(t) - \mathrm{sgn}(a_{ij})x_i(t)) \right|$$

由不等式的传递性，我们可以得到

$$-w_i \sum_{i=1}^{N} \left(\sum_{j=1}^{N} a_{ij}(x_j(t) - \mathrm{sgn}(a_{ij})x_i(t)) \right) \leqslant b_w \sum_{i=1}^{N} \left| \sum_{j=1}^{N} a_{ij}(x_j(t) - \mathrm{sgn}(a_{ij})x_i(t)) \right|$$

引理 9.2[8]　（1）假设 $\xi_1, \xi_2, \cdots, \xi_n \geqslant 0$，$0 \leqslant \delta \leqslant 1$，则有

$$\sum_{i=1}^{N} \xi_i^{\delta} \geqslant \left(\sum_{i=1}^{N} \xi_i \right)^{\delta}$$

（2）假设 $\xi_1, \xi_2, \cdots, \xi_n \geqslant 0$，$\delta \geqslant 1$，则有

$$\sum_{i=1}^{N} \xi_i^{\delta} \geqslant N^{1-\delta} \left(\sum_{i=1}^{N} \xi_i \right)^{\delta}$$

引理 9.3[9]　考虑一个标量系统如下：

$$\dot{z}(t) = -\beta z^{\frac{\varepsilon}{r}}(t) - \gamma z^{\frac{p}{q}}(t)$$

式中，$\beta > 0$，$\gamma > 0$，ε、r、p 和 q 都是正的奇整数并且满足 $\varepsilon > r$ 和 $q > p$。那么对于任何初始状态 $z(0)$，有 $\lim_{t \to T} z(t) = 0$ 和 $z(t) = 0$，$t \geqslant T$，其中设定时间的上界如下：

$$T \leqslant \frac{1}{\beta} \frac{r}{\varepsilon - r} + \frac{1}{\gamma} \frac{q}{q - p}$$

定义 9.1　给定 $\forall x_i(0)$，若存在不依赖于初始条件的稳定时间 $T \in (0, +\infty)$，并使如下式子成立：

$$\begin{cases} \lim\limits_{t \to T} |x_i(t)| = c \\ |x_i(t)| = c, \quad \forall t \geqslant T \end{cases} \tag{9.2}$$

则称系统达到固定时间二部一致性。这里的 c 表示智能体在固定时间内达到一致状态的绝对值。

9.3　主　要　结　论

对于受扰多智能体模型（9.1），我们首先给出一类固定时间二部一致性算法 u_i 如下：

$$u_i(t) = \mu \, \text{sgn}\left(\sum_{j \in N_i} a_{ij}(x_j(t) - \text{sgn}(a_{ij})x_i(t)) \right) \times \left| \sum_{j \in N_i} a_{ij}(x_j(t) - \text{sgn}(a_{ij})x_i(t)) \right|^{2 - \frac{1}{m}}$$

$$+ \eta \, \text{sgn}\left(\sum_{j \in N_i} a_{ij}(x_j(t) - \text{sgn}(a_{ij})x_i(t)) \right) \times \left| \sum_{j \in N_i} a_{ij}(x_j(t) - \text{sgn}(a_{ij})x_i(t)) \right|^{\frac{1}{m}}$$

$$+ \alpha \, \text{sgn}\left(\sum_{j \in N_i} a_{ij}(x_j(t) - \text{sgn}(a_{ij})x_i(t)) \right) \tag{9.3}$$

式中，$\mu > 0$，$\eta > 0$，并且 m 是一个正奇数满足 $m > 1$。

定理 9.1　考虑通信拓扑 $\mathcal{G}$ 是一类结构平衡符号图。多智能体系统（9.1）的二部一致性目标（9.2）在算法（9.3）作用下可以实现，且设定时间 T_1 的上界为

$$T_1 \leqslant \frac{1}{\lambda_2(\mathcal{L})} \left(\frac{N^{\frac{m-1}{2m}}}{\mu} + \frac{1}{\eta} \right) \frac{m}{m-1} \tag{9.4}$$

证明　考虑如下李雅普诺夫函数：

$$V(t) = x(t)^{\mathrm{T}} \mathcal{L} x(t) = \frac{1}{2} \sum_{i=1}^{N} \sum_{j=1}^{N} |a_{ij}|(x_j(t) - \text{sgn}(a_{ij})x_i(t))^2$$

计算 $V(t)$ 的导数能够得出

$$\dot{V}(t) = -2 \sum_{i=1}^{N} \left(\sum_{j \in N_i} a_{ij}(x_j(t) - \text{sgn}(a_{ij})x_i(t)) \right)(u_i(t) + w_i(t))$$

$$= -2\mu \sum_{i=1}^{N} \left(\sum_{j=1}^{N} a_{ij}(x_j(t) - \text{sgn}(a_{ij})x_i(t)) \right)^{3 - \frac{1}{m}} - 2\eta \sum_{i=1}^{N} \left(\sum_{j=1}^{N} a_{ij}(x_j(t) - \text{sgn}(a_{ij})x_i(t)) \right)^{1 + \frac{1}{m}}$$

$$- 2\alpha \sum_{i=1}^{N} \left| \sum_{j=1}^{N} a_{ij}(x_j(t) - \text{sgn}(a_{ij})x_i(t)) \right| - 2w_i(t) \sum_{i=1}^{N} \left(\sum_{j=1}^{N} a_{ij}(x_j(t) - \text{sgn}(a_{ij})x_i(t)) \right)$$

根据引理 9.1，可得

$$\dot{V}(t) \leqslant -2\mu \sum_{i=1}^{N} \left(\sum_{j=1}^{N} a_{ij}(x_j(t) - \mathrm{sgn}(a_{ij})x_i(t)) \right)^{3-\frac{1}{m}} - 2\eta \sum_{i=1}^{N} \left(\sum_{j=1}^{N} a_{ij}(x_j(t) - \mathrm{sgn}(a_{ij})x_i(t)) \right)^{1+\frac{1}{m}}$$

$$- 2(\alpha - b_w) \sum_{i=1}^{N} \left| \sum_{j=1}^{N} a_{ij}(x_j(t) - \mathrm{sgn}(a_{ij})x_i(t)) \right|$$

由于 $\alpha \geqslant b_w$，可以得到

$$\dot{V}(x) \leqslant -2\mu \sum_{i=1}^{N} \left(\left(\sum_{j=1}^{N} a_{ij}(x_j(t) - \mathrm{sgn}(a_{ij})x_i(t)) \right)^2 \right)^{\frac{3m-1}{2m}}$$

$$- 2\eta \sum_{i=1}^{N} \left(\left(\sum_{j=1}^{N} a_{ij}(x_j(t) - \mathrm{sgn}(a_{ij})x_i(t)) \right)^2 \right)^{\frac{m+1}{2m}} \tag{9.5}$$

因为 $m > 1$，所以

$$\frac{3m-1}{2m} > 1, \ \frac{m+1}{2m} < 1$$

根据引理 9.2，可以得到

$$\sum_{i=1}^{N} \left(\left(\sum_{j=1}^{N} a_{ij}(x_j(t) - \mathrm{sgn}(a_{ij})x_i(t)) \right)^2 \right)^{\frac{3m-1}{2m}} \geqslant n^{\frac{1-m}{2m}} \left(\sum_{i=1}^{N} \left(\sum_{j=1}^{N} a_{ij}(x_j(t) - \mathrm{sgn}(a_{ij})x_i(t)) \right)^2 \right)^{\frac{3m-1}{2m}} \tag{9.6}$$

同样地

$$\sum_{i=1}^{N} \left(\left(\sum_{j=1}^{N} a_{ij}(x_j(t) - \mathrm{sgn}(a_{ij})x_i(t)) \right)^2 \right)^{\frac{m+1}{2m}} \geqslant \left(\sum_{i=1}^{N} \left(\sum_{j=1}^{N} a_{ij}(x_j(t) - \mathrm{sgn}(a_{ij})x_i(t)) \right)^2 \right)^{\frac{m+1}{2m}} \tag{9.7}$$

将式（9.6）和式（9.7）代入式（9.5），可得

$$\dot{V}(t) \leqslant -2\mu N^{\frac{1-m}{2m}} \left(\sum_{i=1}^{N} \left(\sum_{j=1}^{N} a_{ij}(x_j(t) - \mathrm{sgn}(a_{ij})x_i(t)) \right)^2 \right)^{\frac{3m-1}{2m}}$$

$$- 2\eta \left(\sum_{i=1}^{N} \left(\sum_{j=1}^{N} a_{ij}(x_j(t) - \mathrm{sgn}(a_{ij})x_i(t)) \right)^2 \right)^{\frac{m+1}{2m}} \tag{9.8}$$

通过简单的计算，有

$$a_{1j}(x_j(t) - \mathrm{sgn}(a_{1j})x_i(t)) = |a_{1j}| \, \mathrm{sgn}(a_{1j})(x_j(t) - \mathrm{sgn}(a_{1j})x_i(t))$$

$$= |a_{1j}| \, (x_j(t)\mathrm{sgn}(a_{1j}) - \mathrm{sgn}^2(a_{1j})x_i(t))$$

$$= -|a_{1j}| \, (x_i(t) - \mathrm{sgn}(a_{1j})x_i(t))$$

进一步可以得到

$$
\begin{pmatrix}
\sum\limits_{j=1}^{N} a_{1j}(x_j(t) - \mathrm{sgn}(a_{1j})x_i(t)) \\
\vdots \\
\sum\limits_{j=1}^{N} a_{nj}(x_j(t) - \mathrm{sgn}(a_{nj})x_i(t))
\end{pmatrix}
= -
\begin{pmatrix}
\sum\limits_{j=1}^{N} |a_{1j}|(x_i(t) - \mathrm{sgn}(a_{1j})x_i(t)) \\
\vdots \\
\sum\limits_{j=1}^{N} |a_{nj}|(x_i - \mathrm{sgn}(a_{nj})x_i(t))
\end{pmatrix}
= -\mathcal{L}x(t)
$$

另外

$$
\sum_{i=1}^{N}\left(\sum_{j=1}^{N} a_{ij}(x_j(t) - \mathrm{sgn}(a_{ij})x_i(t))\right)^2 =
\left(\sum_{j=1}^{N} a_{1j}(x_j(t) - \mathrm{sgn}(a_{1j})x_i(t)) \cdots \sum_{j=1}^{N} a_{nj}(x_j(t) - \mathrm{sgn}(a_{nj})x_i(t))\right)
$$
$$
\times
\begin{pmatrix}
\sum\limits_{j=1}^{N} a_{1j}(x_j(t) - \mathrm{sgn}(a_{1j})x_i(t)) \\
\vdots \\
\sum\limits_{j=1}^{N} a_{nj}(x_j(t) - \mathrm{sgn}(a_{nj})x_i(t))
\end{pmatrix}
$$

因此

$$
\sum_{i=1}^{N}\left(\sum_{j=1}^{N} a_{ij}(x_j(t) - \mathrm{sgn}(a_{ij})x_i(t))\right)^2 = [-\mathcal{L}x(t)]^{\mathrm{T}}[-\mathcal{L}x(t)] = x^{\mathrm{T}}(t)\mathcal{L}^{\mathrm{T}}\mathcal{L}x(t) \quad (9.9)
$$

将式（9.9）代入式（9.8），可得

$$
\dot{V}(t) \leqslant -2\mu N^{\frac{1-m}{2m}}(x^{\mathrm{T}}(t)\mathcal{L}^{\mathrm{T}}Lx(t))^{\frac{3-\frac{1}{m}}{2}} - 2\eta(x^{\mathrm{T}}(t)\mathcal{L}^{\mathrm{T}}Lx(t))^{\frac{1+\frac{1}{m}}{2}} \quad (9.10)
$$

由 $\mathcal{L}$ 的半正定性，有且只有一个半正定矩阵 M 满足 $\mathcal{L} = M^{\mathrm{T}}M = M^2$，可以推导出

$$
x^{\mathrm{T}}(t)\mathcal{L}^{\mathrm{T}}\mathcal{L}x(t) = x^{\mathrm{T}}(t)M^{\mathrm{T}}MM^{\mathrm{T}}Mx(t) = (Mx(t))^{\mathrm{T}}M^2(Mx(t)) = (Mx(t))^{\mathrm{T}}\mathcal{L}(Mx(t))
$$
$$
\geqslant \lambda_2(\mathcal{L})(Mx(t))^{\mathrm{T}}(Mx(t)) = \lambda_2(\mathcal{L})x^{\mathrm{T}}(t)\mathcal{L}x(t) = \lambda_2(\mathcal{L})V(x)
$$
$$
(9.11)
$$

把式（9.11）代入式（9.10），可得

$$
\dot{V}(t) \leqslant -2\mu N^{\frac{1-m}{2m}}(\lambda_2(L)V(x))^{\frac{3-\frac{1}{m}}{2}} - 2\eta(\lambda_2(L)V(x))^{\frac{1+\frac{1}{m}}{2}}
$$

当 $V(t) \neq 0$ 时，假设 $\Psi(t) = (\lambda_2(\mathcal{L})V(t))^{1/2}$ 是下面方程的解

$$
\dot{\Psi}(t) \triangleq \frac{\mathrm{d}\Psi(t)}{\mathrm{d}t} \leqslant \frac{\lambda_2(\mathcal{L})}{2\Psi(t)}\left(-2\mu N^{\frac{1-m}{2m}}(\Psi(t))^{\frac{3m-1}{m}} - 2\eta(\Psi(t))^{\frac{m+1}{m}}\right)
$$
$$
= \lambda_2(\mathcal{L})\left(-\mu N^{\frac{1-m}{2m}}(\Psi(t))^{\frac{2m-1}{m}} - \eta(\Psi(t))^{\frac{1}{m}}\right)
$$

根据引理 9.3 及常微分方程的比较原理[10]，我们有

$$\lim_{t \to T} V(t) = 0 , \ \text{并且} \ V(t) = 0, \ \forall t \geqslant T_1$$

这里的设定时间 T_1 满足式（9.4）。从而可得

$$\lim_{t \to T} | x_j(t) - \mathrm{sgn}(a_{ij}) x_i(t) | = 0 \ \text{并且} \ x_j(t) - \mathrm{sgn}(a_{ij}) x_i(t) = 0, \ \forall t \geqslant T$$

由于 $D \mathcal{A} D \geqslant 0$，我们有 $d_i d_j a_{ij} = | a_{ij} |$，进而能够得到 $d_i d_j = \mathrm{sgn}(a_{ij})$。定理 9.1 得证。□

下面我们讨论系统不受扰动影响的固定时间二部一致性，给出如下一类算法：

$$u_i(t) = \mu \sum_{j \in N_i} a_{ij} \mathrm{sgn}(x_j(t) - \mathrm{sgn}(a_{ij}) x_i(t)) | x_j(t) - \mathrm{sgn}(a_{ij}) x_i(t) |^{2 - \frac{1}{m}}$$
$$+ \eta \sum_{j \in N_i} a_{ij} \mathrm{sgn}(x_j(t) - \mathrm{sgn}(a_{ij}) x_i(t)) | x_j(t) - \mathrm{sgn}(a_{ij}) x_i(t) |^{\frac{1}{m}} \tag{9.12}$$

首先，对于协议（9.12）的应用我们会用到如下引理。

引理 9.4[11]　在多智能体系统（9.1）和控制协议（9.12）下，若 $\mathcal{G}$ 是结构平衡的，则 $\phi(t) = \dfrac{1}{N} \sum_{i=1}^{N} d_i x_i(t)$ 是关于时间 t 的常值函数，也就是 $\phi(t) \equiv \phi(0) = \dfrac{1}{N} \sum_{i=1}^{N} d_i x_i(0)$。

引理 9.5[12]　矩阵 $B = [b_{ij}] \in \mathbb{R}^{N \times N}$ 和 $C = [c_{ij}] \in \mathbb{R}^{N \times N}$ 的元素如下：

$$b_{ij} = \begin{cases} \sum_{k=1}^{N} | a_{ik} |^{\frac{2m}{3m-1}}, & j = i \\[2mm] -\mathrm{sgn}(a_{ij}) | a_{ik} |^{\frac{2m}{3m-1}}, & j \neq i \end{cases}, \quad c_{ij} = \begin{cases} \sum_{k=1}^{N} | a_{ik} |^{\frac{m+1}{2m}}, & j = i \\[2mm] -\mathrm{sgn}(a_{ij}) | a_{ik} |^{\frac{2m}{3m-1}}, & j \neq i \end{cases}$$

当 $\mathcal{G}$ 是结构平衡时，B 与 C 都是半正定的，且其特征值分别满足如下不等式：

（1）$0 = \lambda_1(B) < \lambda_2(B) \leqslant \cdots \leqslant \lambda_N(B)$；

（2）$0 = \lambda_1(C) < \lambda_2(C) \leqslant \cdots \leqslant \lambda_N(C)$。

结合引理 9.4 和引理 9.5，我们可以给出下面结论。

定理 9.2　考虑通信拓扑结构平衡，多智能体系统（9.1）通过算法（9.12）能达到二部一致性，设定时间 T_2 的上界是

$$T_2 \leqslant \frac{1}{\lambda_{\min}} \left(\frac{N^{\frac{m-1}{m}}}{\mu} + \frac{1}{\eta} \right) \frac{m}{m-1} \tag{9.13}$$

若考虑通信拓扑图结构不平衡，利用控制算法（9.12）则多智能体系统（9.1）在固定时间内收敛到零，设定时间 T_3 的上界为

$$T_3 \leqslant \left(\frac{N^{\frac{m-1}{2m}}}{\mu(\lambda_1 \mathcal{L}(C))^{\frac{3m-1}{2m}}} + \frac{1}{\eta(\lambda_1 \mathcal{L}(D))^{\frac{m+1}{m}}} \right) \frac{m}{m-1}$$

证明　令 $\varepsilon_i(t) = d_i x_i(t) - \phi$，构造李雅普诺夫函数 $\Phi(t) = \varepsilon^{\mathrm{T}}(t)\varepsilon(t)$，沿着系统的轨迹求导可得

$$\dot{\Phi}(t) = 2\sum_{i=1}^{N} \varepsilon_i(t)\dot{\varepsilon}_i(t) = 2\sum_{i=1}^{N} \varepsilon_i(t)(d_i u_i(t)) \tag{9.14}$$

将式（9.12）代入式（9.14），则有

$$d_i u_i(t) = d_i \mu \sum_{j \in N_i} a_{ij} \operatorname{sgn}(x_j(t) - \operatorname{sgn}(a_{ij})x_i(t)) \, | \, x_j(t) - \operatorname{sgn}(a_{ij})x_i(t) \, |^{2-\frac{1}{m}}$$

$$+ d_i \eta \sum_{j \in N_i} a_{ij} \operatorname{sgn}(x_j(t) - \operatorname{sgn}(a_{ij})x_i(t)) \, | \, x_j - \operatorname{sgn}(a_{ij})x_i(t) \, |^{\frac{1}{m}}$$

$$= \mu \sum_{j \in N_i} d_i a_{ij} \operatorname{sgn}(x_j(t) - d_i d_j x_i(t)) \, | \, x_j - d_i d_j x_i(t) \, |^{2-\frac{1}{m}}$$

$$+ \eta \sum_{j \in N_i} d_i a_{ij} \operatorname{sgn}(x_j(t) - d_i d_j x_i(t)) \, | \, x_j(t) - d_i d_j x_i(t) \, |^{\frac{1}{m}}$$

$$= \mu \sum_{j \in N_i} d_i d_j a_{ij} \operatorname{sgn}(d_j x_j(t) - d_i x_i(t)) \, | \, d_j x_j(t) - d_i x_i(t) \, |^{2-\frac{1}{m}}$$

$$+ \eta \sum_{j \in N_i} d_i d_j a_{ij} \operatorname{sgn}(d_j x_j(t) - d_i x_i(t)) \, | \, d_j x_j(t) - d_i x_i(t) \, |^{\frac{1}{m}}$$

$$= \mu \sum_{j \in N_i} | \, a_{ij} \, | \operatorname{sgn}(\varepsilon_j(t) - \varepsilon_i(t)) \, | \, \varepsilon_j(t) - \varepsilon_i(t) \, |^{2-\frac{1}{m}} + \eta \sum_{j \in N_i} | \, a_{ij} \, | \operatorname{sgn}(\varepsilon_j(t) - \varepsilon_i(t)) \, | \, \varepsilon_j(t) - \varepsilon_i(t) \, |^{\frac{1}{m}}$$

利用引理 9.2，进一步可以得到

$$\dot{\Phi}(t) = 2\sum_{i=1}^{N} \varepsilon_i(t) \mu \sum_{j \in N_i} | \, a_{ij} \, | \operatorname{sgn}(\varepsilon_j(t) - \varepsilon_i(t)) \, | \, \varepsilon_j(t) - \varepsilon_i(t) \, |^{2-\frac{1}{m}}$$

$$+ 2\sum_{i=1}^{N} \varepsilon_i(t) \eta \sum_{j \in N_i} | \, a_{ij} \, | \operatorname{sgn}(\varepsilon_j(t) - \varepsilon_i(t)) \, | \, \varepsilon_j(t) - \varepsilon_i(t) \, |^{\frac{1}{m}}$$

$$= \mu \sum_{i,j=1}^{N} | \, a_{ij} \, | (\varepsilon_i(t) - \varepsilon_j(t)) \operatorname{sgn}(\varepsilon_j(t) - \varepsilon_i(t)) \, | \, \varepsilon_j(t) - \varepsilon_i(t) \, |^{2-\frac{1}{m}}$$

$$+ \eta \sum_{i,j=1}^{N} | \, a_{ij} \, | (\varepsilon_i(t) - \varepsilon_j(t)) \operatorname{sgn}(\varepsilon_j(t) - \varepsilon_i(t)) \, | \, \varepsilon_j(t) - \varepsilon_i(t) \, |^{\frac{1}{m}}$$

$$= -\mu \sum_{i,j=1}^{N} | \, a_{ij} \, | \, | \, \varepsilon_j(t) - \varepsilon_i(t) \, |^{\frac{3m-1}{m}} - \eta \sum_{i,j=1}^{N} | \, a_{ij} \, | \, | \, \varepsilon_j(t) - \varepsilon_i(t) \, |^{\frac{m+1}{m}}$$

$$= -\mu \sum_{i,j=1}^{N} \left(| \, a_{ij} \, |^{\frac{2m}{3m-1}} (\varepsilon_j(t) - \varepsilon_i(t))^2 \right)^{\frac{3m-1}{2m}} - \eta \sum_{i,j=1}^{N} \left(| \, a_{ij} \, |^{\frac{2m}{m+1}} (\varepsilon_j(t) - \varepsilon_i(t))^2 \right)^{\frac{m+1}{2m}}$$

$$\leqslant -\mu N^{\frac{1-m}{m}} \left(\sum_{i,j=1}^{N} | \, a_{ij} \, |^{\frac{2m}{3m-1}} (\varepsilon_j(t) - \varepsilon_i(t))^2 \right)^{\frac{3m-1}{2m}} - \eta \left(\sum_{i,j=1}^{N} | \, a_{ij} \, |^{\frac{2m}{m+1}} (\varepsilon_j(t) - \varepsilon_i(t))^2 \right)^{\frac{m+1}{2m}}$$

因为 $1^{\mathrm{T}}\varepsilon(t)=\sum\limits_{i=1}^{N}\varepsilon_i(t)=0$ ，根据引理 9.1 和引理 9.5，有

$$\dot{\Phi}(t)\leqslant-\mu N^{\frac{1-m}{m}}\left(2\lambda_2(\mathcal{L}(C))\Phi(t)\right)^{\frac{3m-1}{2m}}-\eta\left(2\lambda_2(\mathcal{L}(D))\Phi(t)\right)^{\frac{m+1}{2m}}$$

由已知 $\lambda_{\min}=\min(\lambda_2(B),\lambda_2(C))>0$ 可得

$$\dot{\Phi}(t)\leqslant-\mu N^{\frac{1-m}{m}}\left(2\lambda_{\min}\Phi(t)\right)^{\frac{3m-1}{2m}}-\eta\left(2\lambda_{\min}\Phi(t)\right)^{\frac{m+1}{2m}}$$

当 $\Phi(t)\neq 0$ 时，令 $\psi(t)=(2\lambda_{\min}\Phi(t))^{1/2}$ ，能够有以下常微分方程

$$\dot{\psi}(t)\leqslant\lambda_{\min}\left(-\mu N^{\frac{1-m}{m}}(\psi(t))^{\frac{2m-1}{m}}-\eta(\psi(t))^{\frac{1}{m}}\right)$$

同样地，由引理 9.3 与常微分方程的比较原理，可以得到

$$\lim_{t\to T}\psi(t)=0,\ \psi(t)=0,\ \forall t\geqslant T_2 \tag{9.15}$$

式中，T_2 满足式（9.13）。由于 $\psi(t)=(2\lambda_{\min}\Phi(t))^{1/2}$ ，可以进一步推导出 $\lim\limits_{t\to T}\Phi(t)=0$

且 $\Phi(t)=0$ ，$\forall t\geqslant T_2$ 。于是有 $\lim\limits_{t\to T}x_j(t)=\dfrac{1}{N}\sum\limits_{i=1}^{N}d_ix_i(0)$ ，并且 $x_j(t)=\dfrac{1}{N}\sum\limits_{i=1}^{N}d_ix_i(0)$，

$\forall t\geqslant T$ 。即通信拓扑结构平衡下，该系统利用算法（9.12）能达到固定时间二部一致性。

若通信拓扑图结构不平衡，通过一系列推导有

$$\dot{\Phi}(t)\leqslant-\mu N^{\frac{1-m}{m}}\left(2\lambda_1(\mathcal{L}(C))\Phi(t)\right)^{\frac{3m-1}{2m}}-\eta\left(2\lambda_1(\mathcal{L}(D))\Phi(t)\right)^{\frac{m+1}{2m}}$$

结合式（9.15），可知式（9.2）中 c 为 0，即通信拓扑结构不平衡下，多智能体系统（9.1）在固定时间内收敛为零。定理 9.2 得证。□

9.4　数　值　仿　真

本节针对有无扰动条件，分别给出两个仿真例子以验证所提固定时间算法的可行性。考虑含有 6 个智能体的系统，其通信拓扑图分别由图 9.1 和图 9.2 表示。

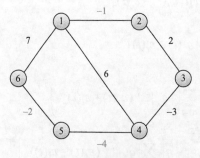

图 9.1　结构平衡符号图

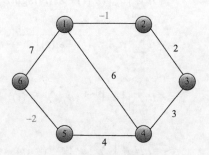

图 9.2　结构不平衡符号图

　　例 9.1　本例将分析一类受扰多智能体系统，利用算法（9.3）给出仿真结果。假设智能体的通信情况如图 9.1 所示，在仿真里设计参数 $\mu = 0.5$，$\eta = 0.6$，$\alpha = 1.1$，$m = 3$。可以看出，这些参数满足条件 $\mu > 0$，$\eta > 0$，$\alpha \geqslant b_w$，$m > 1$ 是正奇正数。根据定理 9.1，应用协议（9.3）可以计算出设定时间的上界，为了表明设定的收敛时间不依赖于系统的初始状态，首先选定系统较小的初始状态为 $x(0) = [-20, -15, 10, -6, 20, 30]^{\mathrm{T}}$ 及较大的初始状态为 $x(0) = [-200, -150, 100, -60, 200, 60]^{\mathrm{T}}$。由图 9.3 和图 9.4，可以看到，系统收敛时间没有受到大的影响，这与定理 9.1 的结果一致。

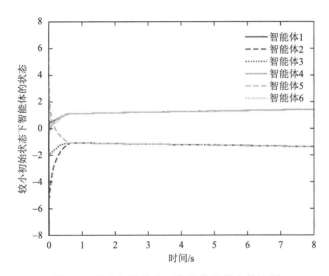

图 9.3　较小初始状态下智能体的状态轨迹图

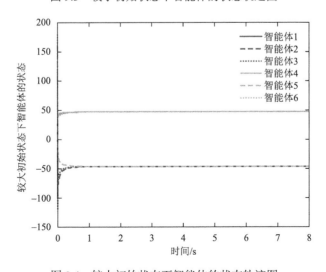

图 9.4　较大初始状态下智能体的状态轨迹图

例 9.2　本例假设一种理想情况，即系统不存在扰动。在仿真中，考虑通信拓扑结构平衡和通信拓扑结构不平衡，控制参数与例 9.1 相同。根据图 9.5 可知，结构平衡图下，各个智能体可实现二部一致性。从图 9.6 能看出，多智能体系统在结构不平衡图下，每个智能体在设定时间内收敛到零。

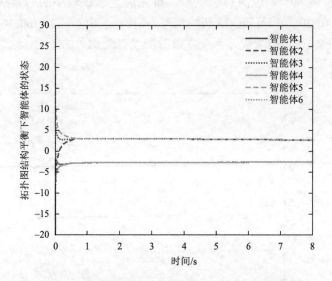

图 9.5　拓扑图结构平衡下智能体的状态轨迹图

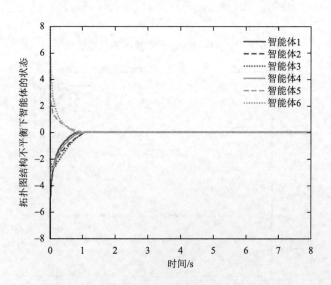

图 9.6　拓扑图结构不平衡下智能体的状态轨迹图

9.5　本　章　小　结

本章主要就有无受扰动影响的多智能体系统所表现的群体动力学进行研究，并基于固定时间控制分析二部一致性问题。借助图论、李雅普诺夫方法及固定时间稳定性知识，推导出系统达到固定时间二部一致性满足的条件，且结果表明稳定时间受通信拓扑结构及算法里参数选取的影响。最后，本章所给结论的正确性在仿真实例下得到了很好验证。

参 考 文 献

[1]　Olfati-Saber R. Flocking for multi-agent dynamic systems：Algorithms and theory[J]. IEEE Transactions on Automatic Control，2006，51（3）：401-420.

[2]　Dong X W，Li Q，Ren Z，et al. Formation-containment control for high-order linear time-invariant multi-agent systems with time delays[J]. Journal of the Franklin Institute，2015，352（9）：3564-3584.

[3]　Han T，Guan Z H，Wu Y，et al. Three-dimensional containment control for multiple unmanned aerial vehicles[J]. Journal of the Franklin Institute，2016，353（13）：2929-2942.

[4]　Meng D，Jia Y，Du J. Finite-time consensus for multiagent systems with cooperative and antagonistic interactions[J]. IEEE Transactions on Neural Networks and Learning Systems，2015，27（4）：762-770.

[5]　Shang Y. Finite-time consensus for multi-agent systems with fixed topologies[J]. International Journal of Systems Science，2012，43（3）：499-506.

[6]　Wang L，Xiao F. Finite-time consensus problems for networks of dynamic agents[J]. IEEE Transactions on Automatic Control，2010，55（4）：950-955.

[7]　Defoort M，Polyakov A，Demesure G，et al. Leader-follower fixed-time consensus for multi-agent systems with unknown non-linear inherent dynamics[J]. IET Control Theory and Applications，2015，9（14）：2165-2170.

[8]　Valcher M E，Misra P. On the consensus and bipartite consensus in high-order multi-agent dynamical systems with antagonistic interactions[J]. Systems and Control Letters，2014，66：94-103.

[9]　Ning B，Jin J，Zheng J，et al. Finite-time and fixed-time leader-following consensus for multi-agent systems with discontinuous inherent dynamics[J]. International Journal of Control，2018，91（6）：1259-1270.

[10]　Khalil H K，Grizzle J W. Nonlinear Systems[M]. Upper Saddle River：Prentice Hall，2002.

[11]　Deng Q，Wu J，Han T，et al. Fixed-time bipartite consensus of multi-agent systems with disturbances[J]. Physica A：Statistical Mechanics and its Applications，2019，516：37-49.

[12]　Zuo Z，Tie L. A new class of finite-time nonlinear consensus protocols for multi-agent systems[J]. International Journal of Control，2014，87（2）：363-370.

第 10 章　基于扰动的异质多智能体系统
二部输出一致性问题

10.1　概　　述

在控制理论中，由于被控系统及外系统的非线性、不确定性和不稳定性，设计一个反馈控制器，使整个闭环系统保持稳定，实现系统的输出可以渐近跟踪指定的轨迹并能抑制扰动是一类重要问题。通常把此类问题的处理归结于输出调节问题[1-3]。多智能体系统的输出调节问题主要运用在机器人编队的协同控制、群集问题和分布式卡尔曼滤波等领域。在现有文献中，主要有两种方法来解决输出调节问题，即反馈控制策略和内模原理。Davison[4]强调在设计反馈控制器时需涉及外部系统的动态特性，借助数学技巧把输出调节可解性转换为一阶矩阵方程，再通过求解该方程即可。Su 和 Huang[5]提出分布式输出反馈协议，分析了鲁棒多智能体系统的输出调节问题。在第二种方法中，首先给每个智能体设计一个观测器以估计领导者的状态，接着根据输出调节方程的解，给每个智能体设计一个静态补偿器。Ma 和 Miao[6]基于输出调节方程，分别考虑系统无领导者和领导-跟随两种情况，实现了输出一致性。

值得注意的是，大部分有关二部输出一致性的文献主要考虑同质多智能体系统。然而，在许多实际应用里，系统里每个智能体的动态描述并不一样，其动态模型的维数也不尽相同。因此，通过输出调节技巧解决异质多智能体的二部一致性问题具有十分显著的意义。基于此，Li 等[7]利用完全分布式算法讨论线性多智能体系统的二部输出一致性问题，得到了在不需要知道异质系统的全局信息下达成二部输出一致性的充分条件，确保了跟随者的输出会收敛至跟领导者一致。Aghbolagh 等[8]研究线性多智能体系统的二部输出一致性，指出参考信号和扰动信号由一个外系统产生，且该外系统可以看作领导者系统。

根据对以上成果的分析和讨论，本章考虑异质受扰多智能体系统，分析智能体的合作与竞争关系并存时基于输出调节的二部一致性。本章分别设计状态反馈和输出反馈协议，通过运用线性矩阵不等式和输出调节相关知识，推导出该系统实现二部输出一致性满足的条件。

10.2　问题描述

对于一组异质多智能体，其系统模型为

$$\begin{cases} \dot{x}_i(t) = A_i x_i(t) + B_i u_i(t) + T_i \tau_i(t) \\ y_i(t) = C_i x_i(t) + P_i \tau_i(t), \ i=1,2,\cdots,N \end{cases} \quad (10.1)$$

式中，$x_i(t) \in \mathbb{R}^{n_i}$、$y_i \in \mathbb{R}^{p_i}$ 与 $u_i \in \mathbb{R}^{m_i}$ 分别代表第 i 个智能体的状态，控制输出与输入；A_i、B_i、C_i、T_i 及 P_i 都是有合适维数的矩阵；$\tau_i(t) \in \mathbb{R}^{q_1}$ 是由下面干扰系统产生的干扰信号

$$\begin{cases} \dot{\xi}(t) = S_1 \xi(t) \\ \tau_i(t) = R_1 d_i \xi(t) \end{cases}$$

式中，常数矩阵 S_1 和 R_1 有合适的维数。假设参考信号 $r_i(t) \in \mathbb{R}^{q_2}$ 是由下面外系统产生的

$$\begin{cases} \dot{\eta}(t) = S_2 \eta(t) \\ r_i(t) = R_2 d_i \eta(t) \end{cases}$$

式中，S_2 和 R_2 同样是具有合适维数的矩阵。令 $w(t) = (\xi^{\mathrm{T}}(t) \quad \eta^{\mathrm{T}}(t))^{\mathrm{T}}$，可以得到

$$\dot{w}(t) = S w(t)$$

式中，$S \in \mathbb{R}^{q \times q}$ 表示为 $S = \mathrm{block\ diag}(S_1, S_2)$。

定义调节输出误差为

$$e_i(t) = y_i(t) - r_i(t), \ i=1,2,\cdots,N \quad (10.2)$$

容易得到

$$\begin{cases} \dot{x}_i(t) = A_i x_i(t) + B_i u_i(t) + E_i d_i w(t) \\ y_i(t) = C_i x_i(t) + F_i d_i w(t) \\ e_i(t) = C_i x_i(t) + F_{ei} d_i w(t) \end{cases} \quad (10.3)$$

式中，$E_i = (T_i R_1 \quad 0)$；$F_i = (P_i R_1 \quad 0)$；$F_{ei} = (P_i R_1 \quad -R_2)$。令 $\bar{w}_i(t) = d_i w(t)$，式（10.3）可以进一步表示为

$$\begin{cases} \dot{x}_i(t) = A_i x_i(t) + B_i u_i(t) + E_i \bar{w}_i(t) \\ y_i(t) = C_i x_i(t) + F_i \bar{w}_i(t) \\ e_i(t) = C_i x_i(t) + F_{ei} \bar{w}_i(t) \end{cases} \quad (10.4)$$

且

$$\dot{\bar{w}}_i = S d_i w = S \bar{w}_i \quad (10.5)$$

假设 10.1　矩阵对 (A_i, B_i) 是可稳的，矩阵对 (A_i, C_i) 是可观的。

假设 10.2　矩阵 S 的每个特征值有非负实部。

假设 10.3　存在解 (Π_i, Γ_i)，使得

$$\begin{cases} \boldsymbol{\varPi}_i S = A_i \boldsymbol{\varPi}_i + B_i U_i + E_i \\ C_i \boldsymbol{\varPi}_i + F_i = 0 \end{cases} \quad (10.6)$$

注释 10.1　值得注意的是，假设 10.1～假设 10.3 是解决输出调节问题的标准条件。调节方程式（10.6）对于建立线性输出调节理论具有重要作用，且闭环系统的稳态情况与调节方程的解有关。

定义 10.1　对于异质多智能体系统（10.4）和外系统（10.5），设计二部一致性控制算法，且符合下列条件：

（1）由系统（10.4）和（10.5）组成的闭环系统是渐近稳定的；

（2）对于任意初始条件，输出调节误差 $\lim\limits_{t \to \infty} e_i(t) = 0$，$i = 1, \cdots, N$；

那么称异质系统渐近达到二部输出一致性。

10.3　带状态反馈的二部输出一致性

本节首先构建以下分布式局部控制器，其由一个动态补偿器和一个利用状态反馈的分布式控制协议组成。

$$\begin{cases} u_i(t) = K_{1i} x_i(t) + K_{2i} z_i(t) \\ \dot{z}_i(t) = S z_i(t) + Q \sum\limits_{j=1}^{N} (a_{ij} z_j(t) - |a_{ij}| z_i(t)) + a_{i0}(d_i w(t) - z_i(t)) \end{cases} \quad (10.7)$$

式中，$z_i(t)$ 是补偿器的状态变量；K_{1i}、K_{2i} 和 Q 是将在后面被设计的控制参数。

定理 10.1　假定假设 10.1～假设 10.3 成立。在控制协议（10.7）下，如果以下两个条件同时满足，那么子系统（10.4）和外系统（10.5）的二部输出一致性问题被解决：

（1）选取 K_{1i}，K_{2i}，使得 $A_i + B_i K_{1i}$ 是赫尔维茨矩阵且 $K_{2i} = \boldsymbol{\varGamma}_i - K_{1i} \boldsymbol{\varPi}_i$；

（2）令 $F = \mu P$，其中 $\mu \lambda_1(\mathcal{L}_H) > 1$ 且 $P > 0$ 是下面不等式的解

$$PS + S^{\mathrm{T}} P - 2P^2 < 0 \quad (10.8)$$

证明　结合控制器（10.7），得到以下闭环系统

$$\begin{cases} \dot{x}_i(t) = (A_i + B_i K_{1i}) x_i(t) + B_i K_{2i} z_i(t) + E_i \overline{w}_i(t) \\ \dot{z}_i(t) = S z_i(t) + \mu P \sum\limits_{j=1}^{N} (a_{ij} z_j(t) - |a_{ij}| z_i(t)) + a_{i0}(\overline{w}_i(t) - z_i(t)) \end{cases} \quad (10.9)$$

将式（10.9）写成向量形式，可得

$$\begin{cases} \dot{x}(t) = (A + BK_1) x(t) + BK_2 z(t) + E\overline{w}(t) \\ \dot{z}(t) = (I_N \otimes S - \mu(\mathcal{L}_H \otimes P)) z(t) + \mu(\mathcal{L}_H \otimes P)\overline{w}(t) \end{cases}$$

式中，$x = \operatorname{col}(x_1, x_2, \cdots, x_N)$；$z = \operatorname{col}(z_1, z_2, \cdots, z_N)$；$A = \operatorname{block\,diag}(A_1, \cdots, A_N)$；$B =$

block diag$(B_1,\cdots,B_N)$；$K_1 = \text{block diag}(K_{11},\cdots,K_{1N})$；$K_2 = \text{block diag}(K_{21},\cdots,K_{2N})$，$i = 1,\cdots,N$。

令 $x_c(t) = [x^{\mathrm{T}}(t), z^{\mathrm{T}}(t)]^{\mathrm{T}}$，可得

$$\dot{x}_c(t) = A_c x_c(t) + B_c \overline{w}(t) \tag{10.10}$$

式中，$A_c = \begin{bmatrix} A + BK_1 & BK_2 \\ 0 & I_N \otimes S - \mu(\mathcal{L}_H \otimes P) \end{bmatrix}$；$B_c = \begin{pmatrix} E \\ \mu(\mathcal{L}_H \otimes P) \end{pmatrix}$。

利用 $\mathcal{L}_H$ 的对称性，有唯一正交常数矩阵 U 满足

$$U\mathcal{L}_H U^{\mathrm{T}} = \Delta = \text{diag}\{\lambda_1(\mathcal{L}_H), \lambda_2(\mathcal{L}_H), \cdots, \lambda_N(\mathcal{L}_H)\}$$

由于 $UU^{\mathrm{T}} = I_N$，可以推导出

$$
\begin{aligned}
& I_N \otimes S - \mu(\mathcal{L}_H \otimes P) \\
&= (U^{\mathrm{T}} \otimes I_N)(I_N \otimes S - \Delta \otimes \mu P)(U \otimes I_N) \\
&= (U^{\mathrm{T}} \otimes I_N)\,\text{diag}(S - \lambda_1(\mathcal{L}_H)\mu P, \cdots, S - \lambda_N(\mathcal{L}_H)\mu P)(U \otimes I_N) \\
&\leqslant (U^{\mathrm{T}} \otimes I_N)\,\text{diag}(S - P, S - P, \cdots, S - P)(U \otimes I_N)
\end{aligned} \tag{10.11}
$$

根据式（10.8），可得

$$PS + S^{\mathrm{T}}P - 2P^2 = P(S - P) + (S - P)^{\mathrm{T}}P < 0 \tag{10.12}$$

结合式（10.11）和式（10.12），可以知道 $I_N \otimes S - \mu(\mathcal{L}_H \otimes P)$ 是赫尔维茨矩阵，进一步得到 A_c 是赫尔维茨矩阵。因此，闭环系统是渐近稳定的。接下来将证明输出调节误差 $e_i(t) \to 0$ 随着 $t \to \infty$。

定义 $\overline{z}(t) = z(t) - \overline{w}(t)$，可以推导出

$$
\begin{aligned}
\dot{\overline{z}}(t) &= ((I_N \otimes S) - \mu(L_H \otimes P))z(t) + \mu(L_H \otimes P)\overline{w}(t) - (I_N \otimes S)\overline{w}(t) \\
&= (I_N \otimes S)(z(t) - \overline{w}(t)) - \mu(L_H \otimes P)(z(t) - \overline{w}(t)) \\
&= ((I_N \otimes S) - \mu(L_H \otimes P))\overline{z}(t)
\end{aligned} \tag{10.13}
$$

容易看到系统（10.9）渐近稳定当且仅当 $I_N \otimes S - \mu(\mathcal{L}_H \otimes P)$ 是赫尔维茨的。因此，$\lim\limits_{t \to \infty} \overline{z}(t) = 0$，也就是说，式（10.6）定义的分布式观测者 $z_i(t)$ 收敛到 $\overline{w}_i(t)$ 随着 $t \to \infty$。

定义 $\overline{x}_i(t) = x_i(t) - \boldsymbol{\Pi}_i \overline{w}_i(t)$，可得

$$
\begin{aligned}
\dot{\overline{x}}_i(t) &= \dot{x}_i(t) - \boldsymbol{\Pi}_i \dot{\overline{w}}_i(t) \\
&= (A_i + B_i K_{1i})x_i(t) + B_i K_{2i}z_i(t) + E_i\overline{w}_i - \boldsymbol{\Pi}_i S\overline{w}_i(t)
\end{aligned}
$$

调用式（10.6）的第一个方程，得到

$$
\begin{aligned}
\dot{\overline{x}}_i(t) &= (A_i + B_i K_{1i})x_i(t) + B_i K_{2i}z_i(t) + E_i\overline{w}_i - (A_i\boldsymbol{\Pi}_i + B_iU_i + E_i)\overline{w}_i(t) \\
&= (A_i + B_i K_{1i})x_i(t) + B_i K_{2i}z_i(t) - (A_i\boldsymbol{\Pi}_i + B_iU_i)\overline{w}_i(t) \\
&= (A_i + B_i K_{1i})\overline{x}_i(t) + B_i K_{2i}(z_i(t) - \overline{w}_i(t))
\end{aligned}
$$

根据以上可知 $\lim\limits_{t \to \infty} z_i(t) - \overline{w}_i(t) = 0$ 且 $A_i + B_i K_{1i}$ 是赫尔维茨矩阵，因此

$$\lim_{t\to\infty}\overline{x}_i(t)=0$$

这表明

$$
\begin{aligned}
\lim_{t\to\infty}e_i(t)&=\lim_{t\to\infty}(C_ix_i(t)+F_{ei}\overline{w}_i(t))\\
&=\lim_{t\to\infty}(C_ix_i(t)-C_i\boldsymbol{\Pi}_i\overline{w}_i(t))\\
&=\lim_{t\to\infty}C_i(x_i(t)-\boldsymbol{\Pi}_i\overline{w}_i(t))\\
&=\lim_{t\to\infty}C_i\overline{x}_i=0
\end{aligned}
$$

也就是说，输出调节误差 $e_i(t)\to 0$，随着 $t\to\infty$。根据定义 10.1 可知，状态反馈二部一致性问题得到解决。定理 10.1 得证。□

10.4　带输出反馈的二部输出一致性

根据定理 10.1，协议（10.7）需要知道 x_i 的状态信息，但是在实际应用中难以知道跟随者的状态且所有智能体只可获取与其邻居的相对输出信息。为保证系统的二部输出一致性，给出如下基于状态观察器的二部输出一致性算法：

$$
\begin{cases}
u_i(t)=K_{1i}\hat{x}_i(t)+K_{2i}z_i(t)\\
\dot{\hat{x}}_i(t)=A_i\hat{x}_i(t)+B_iu_i(t)-G_i(y_i(t)-\hat{y}_i(t))+E_id_i\hat{w}_i(t)\\
\hat{y}_i(t)=C_i\hat{x}_i(t)+F_id_i\hat{w}_i(t)\\
\dot{z}_i(t)=Sz_i(t)+Q\displaystyle\sum_{j=1}^{N}[a_{ij}z_j(t)-|a_{ij}|z_i(t)+a_{i0}(d_iw(t)-z_i(t))]
\end{cases}\tag{10.14}
$$

式中，$\hat{x}_i(t)$ 为 $x_i(t)$ 的估计值；$\hat{y}_i$ 为观测输出；$\hat{w}_i$ 为 w_i 的估计值。

定理 10.2　假定假设 10.1～假设 10.3 成立。在控制协议（10.14）下，如果以下两个条件同时满足，那么子系统（10.4）和外系统（10.5）的二部输出一致性问题被解决：

（1）选取 K_{1i} 和 G_i，使得 $A_i+B_iK_{1i}$，$A_i+G_iC_i$ 和 $E_i+G_iF_i$ 是赫尔维茨矩阵且 $K_{2i}=\boldsymbol{\Gamma}_i-K_{1i}\boldsymbol{\Pi}_i$；

（2）令 $F=\mu P$，其中正常数 μ 满足 $\mu\lambda_1(\mathcal{L}_H)>1$ 且 $P>0$ 是下面不等式的解

$$PS+S^\mathrm{T}P-2P^2<0$$

证明　利用分布式控制器（10.14），可得

$$
\begin{cases}
\dot{x}_i(t)=A_ix_i(t)+B_iK_{1i}\hat{x}_i(t)+B_iK_{2i}z_i(t)+E_i\overline{w}_i(t)\\
\dot{\hat{x}}_i(t)=(A_i+G_iC_i)\hat{x}_i(t)+B_iu_i(t)-G_iC_ix_i(t)+(E_i+G_iF_i)\tilde{w}_i-G_iF_i\overline{w}_i(t)\\
\dot{z}_i(t)=Sz_i(t)+\mu P\displaystyle\sum_{j=1}^{N}[a_{ij}z_j(t)-|a_{ij}|z_i(t)+a_{i0}(\overline{w}_i(t)-z_i(t))]
\end{cases}\tag{10.15}
$$

式中，$\tilde{w}_i=d_i\hat{w}_i$。将式（10.15）写成如下的矩阵形式：

$$\begin{cases} \dot{x}(t) = Ax(t) + BK_1\hat{x}(t) + BK_2z(t) + E\overline{w}(t) \\ \dot{\hat{x}}(t) = (A + BK_1 + GC)\hat{x}(t) + BK_2z(t) - GCx(t) + (E + GF)\tilde{w}(t) - GF\overline{w}(t) \\ \dot{z}(t) = (I_N \otimes S - \mu(\mathcal{L}_H \otimes P))z(t) + \mu(\mathcal{L}_H \otimes P)\overline{w}(t) \end{cases}$$

式中，$\hat{x} = \mathrm{col}(\hat{x}_1, \hat{x}_2, \cdots, \hat{x}_N)$；$C = \mathrm{block\ diag}(C_i)$；$F = \mathrm{block\ diag}(F_1, \cdots, F_N)$。

令 $\tilde{x}_c(t) = [x^T(t), \hat{x}^T(t), z^T(t)]^T$，可得

$$\dot{\tilde{x}}_c(t) = \tilde{A}_c\tilde{x}_c(t) + \tilde{B}_c\overline{w}(t) + C_c\tilde{w}(t)$$

式中，$\tilde{A}_c = \begin{bmatrix} A & BK_1 & BK_2 \\ -FC & A + BK_1 + FC & BK_2 \\ 0 & 0 & I_N \otimes S - \mu(\mathcal{L}_H \otimes P) \end{bmatrix}$；$\tilde{B}_c = \begin{pmatrix} E \\ E \\ \mu(\mathcal{L}_H \otimes P) \end{pmatrix}$；$C_c = \begin{pmatrix} 0 \\ E + GF \\ 0 \end{pmatrix}$。对于 $\tilde{A}_c$，先用第二行减掉第一行，再把第二列加至第一列，则有下面上三角块的形式：

$$\begin{bmatrix} A + BK_1 & BK_1 & BK_2 \\ 0 & A + FC & 0 \\ 0 & 0 & I_N \otimes S - \mu(\mathcal{L}_H \otimes P) \end{bmatrix} \tag{10.16}$$

注意到 $A_i + B_iK_{1i}$ 和 $A_i + Q_iC_i$ 是赫尔维茨矩阵，$A + BK_1$ 和 $A + QC$ 也是赫尔维茨矩阵。而且，在定理 10.1 中已经证明了 $I_N \otimes S - \mu(\mathcal{L}_H \otimes P)$ 是赫尔维茨矩阵。结合以上分析，相似矩阵（10.16）是赫尔维茨矩阵，这意味着矩阵 $\tilde{A}_c$ 是赫尔维茨矩阵。

令 $\delta_i(t) = x_i(t) - \hat{x}_i(t)$、$\Delta w_i = \overline{w}_i - d_i\hat{w}_i$ 和 $\overline{x}_i(t) = x_i(t) - \boldsymbol{\Pi}_i\overline{w}_i(t)$，可以得到

$$\begin{aligned} \dot{\delta}_i(t) &= \dot{x}_i(t) - \dot{\hat{x}}_i(t) \\ &= A_i(x_i(t) - \hat{x}_i(t)) + G_i(y_i - \hat{y}_i) + E_i\Delta w_i \\ &= (A_i + G_iC_i)(x_i(t) - \hat{x}_i(t)) + (G_iF_i + E_i)\Delta w_i \\ &= (A_i + G_iC_i)\delta_i(t) + (G_iF_i + E_i)\Delta w_i \end{aligned}$$

和

$$\begin{aligned} \dot{\overline{x}}_i(t) &= \dot{x}_i(t) - \boldsymbol{\Pi}_i\dot{\overline{w}}_i(t) \\ &= A_ix_i(t) + B_iK_{1i}\hat{x}_i(t) + B_iK_{2i}z_i(t) + E_i\overline{w}_i - \boldsymbol{\Pi}_iS\overline{w}_i(t) \\ &= A_ix_i(t) + B_i(K_{1i}\hat{x}_i(t) + K_{2i}z_i(t)) + E_i\overline{w}_i - (A_i\boldsymbol{\Pi}_i + B_iU_i + E_i)\overline{w}_i(t) \\ &= (A_i + B_iK_{1i})\overline{x}_i(t) + B_iK_{1i}(\hat{x}_i(t) - x_i(t)) + B_iK_{2i}(z_i(t) - \overline{w}_i(t)) \end{aligned}$$

根据 $A_i + B_iK_{1i}$ 是赫尔维茨的，容易推导出 $\lim\limits_{t \to \infty} \delta_i(t) = \lim\limits_{t \to \infty} x_i(t) - \hat{x}_i(t) = 0$。结合 $\lim\limits_{t \to \infty} z_i(t) - \overline{w}_i(t) = 0$，可知 $\lim\limits_{t \to \infty} \overline{x}_i(t) = 0$，这表明

$$\begin{aligned}
\lim_{t \to \infty} e_i(t) &= \lim_{t \to \infty}(C_i x_i(t) + F_{ei}\overline{w}_i(t)) \\
&= \lim_{t \to \infty}(C_i x_i(t) - C_i \boldsymbol{\Pi}_i \overline{w}_i(t)) \\
&= \lim_{t \to \infty}(C_i x_i(t) - \boldsymbol{\Pi}_i \overline{w}_i(t)) \\
&= \lim_{t \to \infty} C_i \overline{x}_i(t) = 0
\end{aligned}$$

因此，$e_i(t) \to 0$ 随着 $t \to \infty$。基于输出反馈协议（10.14），子系统（10.4）和外系统（10.5）可以达到二部一致性。定理 10.2 得证。□

10.5　数　值　仿　真

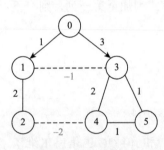

图 10.1　通信拓扑图

为说明本章所提输出调节方法的正确性，本节将给出两个仿真示例。如图 10.1 所示，五个跟随者与一个领导者组成了多智能体系统。通过计算，可以得到

$$\mathcal{L}_H = \begin{bmatrix} 4 & 2 & -1 & 0 & 0 \\ 2 & 4 & 0 & -2 & 0 \\ -1 & 0 & 7 & 2 & 1 \\ 0 & -2 & 2 & 5 & 1 \\ 0 & 0 & 1 & 1 & 2 \end{bmatrix}$$

和 $H = \mathrm{diag}(1,0,3,0,0)$。

例 10.1　假设系统矩阵分别为

$$A_1 = \begin{bmatrix} 0 & 1 \\ -2 & -0.8 \end{bmatrix}, \quad A_2 = \begin{bmatrix} 0 & 1 \\ -1.5 & -1 \end{bmatrix}, \quad A_3 = \begin{bmatrix} 0 & 1 \\ -1 & -1.2 \end{bmatrix},$$

$$A_4 = \begin{bmatrix} 0 & 1 \\ -0.5 & -1.4 \end{bmatrix}, \quad A_5 = \begin{bmatrix} 0 & 1 \\ 0 & 0 \end{bmatrix}$$

$$B_1 = \begin{bmatrix} 0 \\ 1 \end{bmatrix}, \quad B_2 = \begin{bmatrix} 0 \\ 1.2 \end{bmatrix}, \quad B_3 = \begin{bmatrix} 0 \\ 0.5 \end{bmatrix}, \quad B_4 = \begin{bmatrix} 0 \\ 1.3 \end{bmatrix}, \quad B_5 = \begin{bmatrix} 0 \\ 1 \end{bmatrix}$$

$$S_1 = \begin{bmatrix} 0 & 1 \\ -0.5 & 0 \end{bmatrix}, \quad S_2 = \begin{bmatrix} 0 & 2 \\ -2 & 0 \end{bmatrix}, \quad R_1 = \begin{bmatrix} 1 & 0 \\ 0 & 1 \end{bmatrix}, \quad R_2 = [1 \quad 0]$$

$$C_i = [1 \quad 0], \quad P_i = [0 \quad 1], \quad i = 1, \cdots, 5$$

根据矩阵不等式（10.8）的解，我们有反馈增益 $F = \begin{bmatrix} -5/7 \\ 2/7 \end{bmatrix}$。令 $K_{11} = [1 \quad 0.5]$，

$K_{12} = [0.75 \quad 0.5]$，$K_{13} = [0.3 \quad 0.5]$，$K_{14} = [0.25 \quad 0.7]$，$K_{15} = [1 \quad 0.7]$ 使得矩阵 $A_i +$

$B_i K_{1i}$ 是赫尔维茨的，且利用方程（10.6）得到 $K_{2i} = \boldsymbol{\Gamma}_i - K_{1i} \boldsymbol{\Pi}_i$。对于任意初始值，智能体的输出状态轨迹如图 10.2（a）和（b）所示。可以看出，系统的输出分为两组 $\mathcal{V}_1 = \{1, 2\}$ 和 $\mathcal{V}_2 = \{3, 4, 5\}$，达到了二部输出一致性。

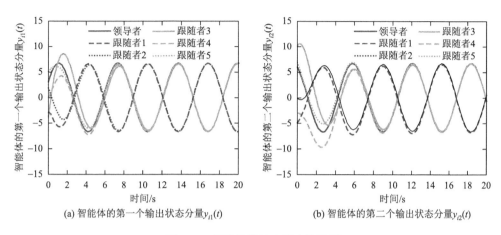

(a) 智能体的第一个输出状态分量 $y_{i1}(t)$　　(b) 智能体的第二个输出状态分量 $y_{i2}(t)$

图 10.2　智能体的输出状态轨迹图

例 10.2　本例在输出反馈算法（10.14）下，假设系统矩阵的参数跟例 10.1 一样。特别地，选择 $G_1 = \begin{bmatrix} 0.4 \\ 0.7 \end{bmatrix}$，$G_2 = \begin{bmatrix} 0.4 \\ 0 \end{bmatrix}$，$G_3 = \begin{bmatrix} 0.6 \\ -0.7 \end{bmatrix}$，$G_4 = \begin{bmatrix} 0.7 \\ -1.5 \end{bmatrix}$，$G_5 = \begin{bmatrix} 0.4 \\ -1 \end{bmatrix}$，使得 $A_i + Q_i C_i$ 是赫尔维茨的。$x_i(0)$、$x_0(0)$、$z_i(0)$ 和 $\hat{x}_i(0)$ 的初始状态在 $[-3 \quad 3]$ 区间内任意选取。智能体输出状态分量的调节误差轨迹如图 10.3（a）和（b）所示。

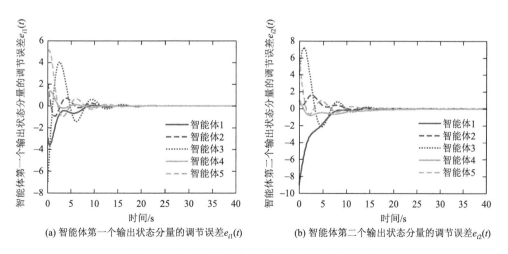

(a) 智能体第一个输出状态分量的调节误差 $e_{i1}(t)$　　(b) 智能体第二个输出状态分量的调节误差 $e_{i2}(t)$

图 10.3　智能体输出状态分量的调节误差轨迹图

10.6 本 章 小 结

本章以受扰的异质多智能体系统为主线,在智能体间合作与竞争关系并存下解决了二部输出一致性问题。借助输出调节方法,分别实现了系统的状态反馈与输出反馈二部一致性。而且,不需要构建复杂的李雅普诺夫函数就可以验证闭环系统的稳定性。最后,给出仿真示例以验明结论的正确性。

参 考 文 献

[1] Liu Z Q,Wang Y L,Wang T B. Incremental predictive control-based output consensus of networked unmanned surface vehicle formation systems[J]. Information Sciences,2018,457:166-181.

[2] Wang X,Hong Y,Huang J,et al. A distributed control approach to a robust output regulation problem for multi-agent linear systems[J]. IEEE Transactions on Automatic Control,2010,55(12):2891-2895.

[3] Serrani A,Isidori A. Global robust output regulation for a class of nonlinear systems[J]. Systems and Control Letters,2000,39(2):133-139.

[4] Davison E. The robust control of a servomechanism problem for linear time-invariant multi-variable systems[J]. IEEE Transactions on Automatic Control,1976,21(1):25-34.

[5] Su Y,Huang J. Cooperative output regulation of linear multi-agent systems by output feedback[J]. Systems and Control Letters,2012,61(12):1248-1253.

[6] Ma Q,Miao G. Output consensus for heterogeneous multi-agent systems with linear dynamics[J]. Applied Mathematics and Computation,2015,271:548-555.

[7] Li E,Ma Q,Zhou G. Bipartite output consensus for heterogeneous linear multi-agent systems with fully distributed protocol[J]. Journal of the Franklin Institute,2019,356(5):2870-2884.

[8] Aghbolagh H D,Zamani M,Chen Z. Bipartite output regulation of multi-agent systems with antagonistic interactions[C]. The 11th Asian Control Conference(ASCC),Gold Coast,2017:321-325.

第11章　基于输出调节法的异质多智能体系统二部输出一致性问题

11.1　概　　述

多智能体系统的协同控制在生物、物理、工程等领域有着广泛的应用，引起了人们的广泛关注。一致性作为协同控制的一个重要课题，已被广泛研究[1-5]。其目的是通过邻居之间的信息交互来构建合适的控制协议，从而达成状态一致。

根据许多开拓性文献，研究一致性的重点主要集中在同质的多智能体系统上。众所周知，在某些实际情况下，要确保所有智能体具有相同的动力学系统是不现实的。因此，在设计一致性控制器时应该考虑异质性特征（即每个个体具有不同的动力学特性），这将给分析多智能体系统的协同行为带来巨大的挑战。到目前为止，在异质多智能体系统的一致性方面做了许多研究工作，产生了许多重要的成果（如文献[6]～[8]）。文献[6]解决了具有未知时延异质多智能体系统的高阶一致性问题，文献[7]研究了有向拓扑下异质多智能体系统的二阶一致性问题。文献[8]分别研究了固定拓扑和切换拓扑下异质非线性多智能体系统的一致性问题。从以上文献中可以看出，仅仅状态值被用来构造一致性控制协议。然而，值得一提的是，在一些实际应用中，输出信息相对于状态信息通常更容易获得。文献[9]研究了离散时间多智能体系统在结构不确定和扰动影响下的输出一致性问题。结合事件触发和自触发策略，文献[10]在一定的条件下实现了异质多智能体系统的输出一致性。文献[11]通过自适应事件驱动的方法研究了异质多智能体系统在间歇通信下的输出一致性问题。

上述文献仅考虑合作关系下的多智能体系统，且智能体之间的通信连接权重是正的。事实上，竞争关系普遍存在于多智能体系统的信息交换过程中。因此，需要用具有正负权重的符号图来描述含有合作与竞争关系的通信拓扑图。在这方面，文献[12]首先研究了具有竞争关系的多智能体系统二部一致性问题。从那以后，关于二部一致性的研究出现了许多代表性工作。文献[13]解决了合作与竞争关系下多智能体系统的有限时间二部一致性问题。与此同时，文献[14]将二部一致性问题拓展为区间间隔的二部一致性问题，其中符号图包含一个生成树。基于低增益反馈原理，文献[15]研究了具有输入饱和的一般线性多智能体系统的二部一致性问题。通过采用非光滑控制协议，文献[16]研究了二部跟踪一致性问题，并且领导者的控制输入是非零的。时至今日，学者通过各种方法努力研究了二部一致性问题。然而，需要注意的是，输出调节法很少被用于解决异质多智能体系统的二部一致性问题上。

基于上述讨论结果和一些有关输出调节理论的工作[17-20]，我们在本章中利用输出调节方法研究了异质多智能体系统的二部输出一致性问题。本节分别基于状态反馈法和输出反馈法提出了两个非光滑二部输出一致性控制协议，并利用代数图论和稳定性理论的相关知识，得出能够保证异质多智能体系统在控制协议下实现二部输出一致性的充分条件。

11.2　问 题 描 述

考虑由 N 个跟随者构成的异质多智能体系统，其动力学方程为

$$\begin{cases} \dot{x}_i(t) = A_i x_i(t) + B_i u_i(t) \\ y_i(t) = C_i x_i(t), \ \ i = 1, 2, \cdots, N \end{cases} \tag{11.1}$$

式中，$x_i(t) \in \mathbb{R}^{m_i}$、$y_i(t) \in \mathbb{R}^{p_i}$ 和 $u_i(t) \in \mathbb{R}^{r_i}$ 分别表示跟随者 i 的状态量、输出量和控制输入；常数矩阵 A_i、B_i 和 C_i 都具有相容的维度。

此外，假设参考信号是由领导者产生的（记为 0），且可以被看作具有如下形式的外部系统：

$$\begin{cases} \dot{x}_0(t) = A_0 x_0(t) \\ y_0(t) = C_0 x_0(t) \end{cases} \tag{11.2}$$

式中，$x_0(t) \in \mathbb{R}^{m_0}$ 和 $y_0(t) \in \mathbb{R}^{p_0}$ 分别表示领导者的状态量和输出量。同样地，常数矩阵 A_0 和 B_0 都具有相容的维度。

为了研究异质多智能体系统（11.1）的二部输出一致性问题，给出如下一些必要的假设。

假设 11.1　矩阵对 (A_i, B_i) 是可稳的，其中 $i = 1, 2, \cdots, N$。

假设 11.2　矩阵对 (A_i, C_i) 是可观的，其中 $i = 1, 2, \cdots, N$。

假设 11.3　矩阵 A_0 没有负实部的特征值。

假设 11.4　对于如下矩阵方程：

$$\begin{cases} \Pi_i A_0 = A_i \Pi_i + B_i U_i \\ C_i \Pi_i = C_0 \end{cases} \tag{11.3}$$

存在解 (Π_i, U_i)，其中 $i = 1, 2, \cdots, N$。

假设 11.5　通信拓扑 $\bar{\mathcal{G}}$ 具有有向生成树且把领导者作为根节点。此外，跟随者之间的子图 $\mathcal{\bar{G}}$ 是结构平衡的。

注释 11.1　从假设 11.5 可以得到，矩阵 $L_s = L + H$ 是正定的且矩阵 DLD 的所

有对角元素都是非负的，其中矩阵 $D \in \mathcal{D}$ 满足 $D = D^{-1}$。此外，不难得出矩阵 $\bar{L}_s$ 是正定的，且其被定义为 $\bar{L}_s = DL_s D = DLD + H$。

对于每一个跟随者 i，定义如下的调节输出误差

$$e_i(t) = y_i(t) - d_i y_0(t), \ i = 1, 2, \cdots, N$$

本章旨在通过输出调节方法研究异质多智能体系统的二部输出一致性问题。结合一些输出调节的定义，我们可以给出如下二部输出一致性的定义。

定义 11.1　对于异质多智能体系统（11.1）而言，在任意初始条件下，若存在合适的控制协议使得调节输出误差满足 $\lim\limits_{t \to +\infty} e_i(t) = 0$，$i = 1, \cdots, N$，则称该系统能实现二部输出一致性。

注释 11.2　根据上述分析，定义 11.1 中的条件可以等价地表述为 $\lim\limits_{t \to \infty} y_i(t) - y_0(t) = 0$，$\forall i \in p$ 和 $\lim\limits_{t \to \infty} y_i(t) + y_0(t) = 0$，$\forall i \in q$，其中 $p \bigcup q = \{1, \cdots, N\}$，$p \bigcap q = \varnothing$。

11.3　带状态反馈的二部输出一致性

在本节中，基于状态反馈控制方法，设计如下带动态补偿器的分布式二部输出一致性控制协议：

$$\begin{cases} u_i(t) = K_{1i} x_i(t) + K_{2i} z_i(t), \ i = 1, 2, \cdots, N \\ \dot{z}_i(t) = A_0 z_i(t) + cQF \left(\sum\limits_{j=1}^{N} |a_{ij}| (z_j(t) - \mathrm{sgn}(a_{ij}) z_i(t)) + a_{i0}(d_i x_0(t) - z_i(t)) \right) \end{cases} \tag{11.4}$$

式中，$z_i(t)$ 为控制器的辅助状态；c、K_{1i}、K_{2i}、Q 和 F 为待设计的控制参数。

定理 11.1　假定假设 11.1～假设 11.5 成立。当控制协议（11.4）中参数满足以下三个条件时，异质多智能体系统（11.1）的二部输出一致性问题可以用控制协议（11.4）来解决：

（1）$c \geqslant 1 / \lambda_{\min}(\bar{L}_s)$，其中 $\lambda_{\min}(\bar{L}_s)$ 是矩阵 $\bar{L}_s$ 的最小特征值；

（2）$F = Q^{\mathrm{T}} P$，其中选择矩阵 Q 使得矩阵对 (A_0, Q) 是可稳定的，矩阵 P 是如下不等式的解：

$$A_0^{\mathrm{T}} P + PA_0 - 2PQQ^{\mathrm{T}} P < 0 \tag{11.5}$$

（3）可以选择 K_{1i} 和 K_{2i} 使得矩阵 $A_i + B_i K_{1i}$ 是赫尔维茨的，并且满足等式 $K_{2i} = U_i - K_{1i} \Pi_i$，其中 U_i 和 Π_i 是等式 $\begin{cases} \Pi_i A_0 = A_i \Pi_i + B_i U_i \\ C_i \Pi_i = C_0 \end{cases}$ 的解。

证明　在控制器（11.4）下，第 i 个智能体的闭环系统可以表示为

$$\begin{cases} \dot{x}_i(t) = (A_i + B_i K_{1i})x_i(t) + B_i K_{2i}z_i(t) \\ \dot{z}_i(t) = A_0 z_i(t) + cQF\left(\sum_{j=1}^{N} |a_{ij}|(z_j(t) - \mathrm{sgn}(a_{ij})z_i(t)) + a_{i0}(d_i x_0(t) - z_i(t))\right) \end{cases}$$ (11.6)

定义变量和矩阵为 $x(t) = [x_1^{\mathrm{T}}(t), \cdots, x_N^{\mathrm{T}}(t)]^{\mathrm{T}}$，$z(t) = [z_1^{\mathrm{T}}(t), \cdots, z_N^{\mathrm{T}}(t)]^{\mathrm{T}}$，$A = \mathrm{block\ diag}(A_1, \cdots, A_N)$，$B = \mathrm{block\ diag}(B_1, \cdots, B_N)$，$K_1 = \mathrm{block\ diag}(K_{11}, \cdots, K_{1N})$，$K_2 = \mathrm{block\ diag}(K_{21}, \cdots, K_{2N})$，$H = \mathrm{diag}(a_{10}, \cdots, a_{N0})$，$\xi(t) = \mathbf{1}_N \otimes x_0(t)$，则闭环系统（11.6）可以重写成如下的紧凑形式：

$$\begin{cases} \dot{x}(t) = (A + BK_1)x(t) + BK_2 z(t) \\ \dot{z}(t) = (I_N \otimes A_0 - cL_s \otimes QF)z(t) + (cL_s \otimes QF)\xi(t) \end{cases}$$ (11.7)

令 $\eta_i(t) = d_i x_0(t) - z_i(t)$ 和 $\eta(t) = [\eta_1^{\mathrm{T}}(t), \cdots, \eta_N^{\mathrm{T}}(t)]^{\mathrm{T}}$，可得

$$\dot{\eta}_i(t) = d_i \dot{x}_0(t) - \dot{z}_i(t)$$

$$= d_i A_0 x_0(t) - A_0 z_i(t) - cQF\left(\sum_{j=1}^{N} |a_{ij}|(z_j(t) - \mathrm{sgn}(a_{ij})z_i(t)) + a_{i0}(d_i x_0(t) - z_i(t))\right)$$

$$= A_0 \eta_i(t) - cQF\left(\sum_{j=1}^{N} |a_{ij}|(\eta_j(t) - \mathrm{sgn}(a_{ij})\eta_i(t)) + a_{i0}\eta_i(t)\right)$$

和

$$\dot{\eta}(t) = (I_N \otimes A_0 - cL_s \otimes QF)\eta(t)$$

此外，定义 $\bar{\eta}(t) = (D \otimes I_n)\eta(t)$，由于 $DD = I_N$ 和 $\bar{L}_s = DLD + H$，则可以得到

$$\begin{aligned} \dot{\bar{\eta}}(t) &= (D \otimes I_n)\dot{\eta}(t) \\ &= (I_N \otimes A_0 - c\bar{L}_s \otimes QF)\bar{\eta}(t) \end{aligned}$$ (11.8)

构造李雅普诺夫函数为 $V_1(t) = \bar{\eta}^{\mathrm{T}}(t)(I_N \otimes P)\bar{\eta}(t)$，则对 $V_1(t)$ 关于时间求导，可得

$$\begin{aligned} \dot{V}_1(t) &= 2\bar{\eta}^{\mathrm{T}}(t)(I_N \otimes P)\dot{\bar{\eta}}(t) \\ &= 2\bar{\eta}^{\mathrm{T}}(t)(I_N \otimes P)(I_N \otimes A_0 - c\bar{L}_s \otimes QF)\bar{\eta}(t) \\ &= 2\bar{\eta}^{\mathrm{T}}(t)(I_N \otimes PA_0 - c\bar{L}_s \otimes PQQ^{\mathrm{T}}P)\bar{\eta}(t) \\ &= \bar{\eta}^{\mathrm{T}}(t)(I_N \otimes (PA_0 + A_0^{\mathrm{T}}P) - c\bar{L}_s \otimes 2PQQ^{\mathrm{T}}P)\bar{\eta}(t) \\ &\leqslant \bar{\eta}^{\mathrm{T}}(t)(I_N \otimes (PA_0 + A_0^{\mathrm{T}}P - 2PQQ^{\mathrm{T}}P))\bar{\eta}(t) \end{aligned}$$ (11.9)

其中上述不等式是运用条件 $c \geqslant 1/\lambda_{\min}(\bar{L}_s)$ 和 $F = Q^{\mathrm{T}}P$ 推导而来的。由式（11.5）和式（11.9）可得 $\dot{V}_1(t) \leqslant 0$。值得注意的是 $V_1(t) \geqslant 0$，即 $\dot{V}_1(t)$ 是一致连续的。根据 Barbalat 引理，我们可以推导出 $\dot{V}_1(t)$ 随着时间 $t \to \infty$ 将趋近于 0，意味着 $\lim\limits_{t \to \infty} \bar{\eta}(t) = 0$ 和 $\lim\limits_{t \to \infty} \eta(t) = 0$，即下列等式成立

$$\lim_{t \to \infty} z_i(t) = d_i x_0(t)$$ (11.10)

接下来，令 $\varsigma_i(t) = x_i(t) - \Pi_i z_i(t)$ 和 $\varsigma(t) = [\varsigma_1^{\mathrm{T}}(t), \cdots, \varsigma_N^{\mathrm{T}}(t)]^{\mathrm{T}}$，则有

$$\dot{\varsigma}_i(t) = \dot{x}_i(t) - \Pi_i \dot{z}_i(t)$$

$$= A_i x_i(t) + B_i(K_{1i} x_i(t) + K_{2i} z_i(t)) - \Pi_i A_0 z_i(t)$$

$$- c \Pi_i Q F \left(\sum_{j=1}^{N} |a_{ij}| (z_j(t) - \mathrm{sgn}(a_{ij}) z_i(t)) + a_{i0}(d_i x_0(t) - z_i(t)) \right)$$

$$= (A_i + B_i K_{1i}) x_i(t) - (A_i \Pi_i + B_i K_{1i} \Pi_i) z_i(t)$$

$$- c \Pi_i Q F \left(\sum_{j=1}^{N} |a_{ij}| (z_j(t) - \mathrm{sgn}(a_{ij}) z_i(t)) + a_{i0}(d_i x_0(t) - z_i(t)) \right)$$

$$= (A_i + B_i K_{1i}) \varsigma_i(t) - c \Pi_i Q F \left(\sum_{j=1}^{N} |a_{ij}| (\eta_j(t) - \mathrm{sgn}(a_{ij}) \eta_i(t)) + a_{i0} \eta_i(t) \right)$$

和

$$\dot{\varsigma}(t) = (A + B K_1) \varsigma(t) - \mathrm{block\ diag}(\Pi_i)(c L_s \otimes Q F) \eta(t)$$

上述等式是运用式（11.3）和 $K_{2i} = U_i - K_{1i} \Pi_i$ 推导而来的。注意到 $\lim_{t \to \infty} \eta(t) = 0$ 和矩阵 $A_i + B_i K_{1i}$ 是赫尔维茨的，容易推断出 $\lim_{t \to \infty} \varsigma(t) = 0$ 和

$$\lim_{t \to \infty}(x_i(t) - \Pi_i z_i(t)) = 0 \tag{11.11}$$

因此，基于式（11.10）、式（11.11）和 $C_i \Pi_i = C_0$，可以推导出

$$\lim_{t \to \infty} e_i(t) = \lim_{t \to \infty}(y_i(t) - d_i y_0(t))$$

$$= \lim_{t \to \infty}(C_i x_i(t) - d_i C_0 x_0(t))$$

$$= \lim_{t \to \infty}(C_i \Pi_i z_i(t) - d_i C_0 x_0(t))$$

$$= \lim_{t \to \infty}(C_i \Pi_i d_i x_0(t) - d_i C_0 x_0(t))$$

$$= 0$$

所以，根据定义 11.1 可知，可以用控制协议（11.4）来实现异质多智能体系统（11.1）的二部输出一致性。定理 11.1 得证。□

注释 11.3　值得注意的是，与现有文献[13]～[16]不同，本章利用输出调节方法来解决二部输出一致性问题，它可以应用在解决异质多智能体系统的协同控制问题上。

11.4　带输出反馈的二部输出一致性

从上一节中可以明显看出，定理 11.1 需要状态信息来实现二部输出一致性。然而，在实际应用中，相对于系统的状态信息，输出信息通常更容易获得，特别是在大规模的多智能体系统中。本节基于状态观测器和输出反馈控制法，我们设计如下的二部输出一致性控制协议：

$$\begin{cases} u_i(t) = K_{1i}\hat{x}_i(t) + K_{2i}z_i(t), \ i = 1, 2, \cdots, N \\ \dot{\hat{x}}_i(t) = A_i\hat{x}_i(t) + B_iu_i(t) - G_i(y_i(t) - C_i\hat{x}_i(t)) \\ \dot{z}_i(t) = A_0z_i(t) + cQF\left(\sum_{j=1}^{N}|a_{ij}|(z_j(t) - \mathrm{sgn}(a_{ij})z_i(t)) + a_{i0}(d_ix_0(t) - z_i(t))\right) \end{cases} \quad (11.12)$$

式中，$\hat{x}_i(t)$ 为状态观测值；K_{1i}、K_{2i}、G_i、Q、F 和 c 为待设计的控制参数。

定理 11.2 假定假设 11.1～假设 11.5 成立。当控制协议（11.12）中参数满足以下三个条件时，异质多智能体系统（11.1）的二部输出一致性问题可以用控制协议（11.12）来解决：

（1）$c \geqslant 1/\lambda_{\min}(\bar{L}_s)$，其中 $\lambda_{\min}(\bar{L}_s)$ 是矩阵 $\bar{L}_s$ 的最小特征值；

（2）$F = Q^\mathrm{T}P$，其中选择矩阵 Q 使得矩阵对 (A_0, Q) 可稳定的，且矩阵 P 仍是线性矩阵不等式（11.5）的解；

（3）选择 K_{1i} 和 G_i 使得矩阵 $A_i + B_iK_{1i}$ 和 $A_i + G_iC_i$ 都是赫尔维茨的，并且 K_{2i} 满足等式 $K_{2i} = U_i - K_{1i}\Pi_i$，其中 U_i 和 Π_i 是等式 $\begin{cases} \Pi_iA_0 = A_i\Pi_i + B_iU_i \\ C_i\Pi_i = C_0 \end{cases}$ 的解。

证明 在控制器（11.12）下，第 i 个智能体的闭环系统可以表示为

$$\begin{cases} \dot{x}_i(t) = A_ix_i(t) + B_iK_{1i}\hat{x}_i(t) + B_iK_{2i}z_i(t) \\ \dot{z}_i(t) = A_0z_i(t) + cQF\left(\sum_{j=1}^{N}|a_{ij}|(z_j(t) - \mathrm{sgn}(a_{ij})z_i(t)) + a_{i0}[d_ix_0(t) - z_i(t)]\right) \\ \dot{\hat{x}}_i(t) = (A_i + B_iK_{1i})\hat{x}_i(t) + B_iK_{2i}z_i(t) - G_i(y_i(t) - C_i\hat{x}_i(t)) \end{cases} \quad (11.13)$$

类似于定理 11.1 的证明，容易推断出 $\lim\limits_{t\to\infty}z_i(t) = d_ix_0(t)$ 和 $\lim\limits_{t\to\infty}\eta_i(t) = 0$。令 $\phi_i(t) = x_i(t) - \hat{x}_i(t)$ 和 $\phi(t) = [\phi_1^\mathrm{T}(t), \cdots, \phi_N^\mathrm{T}(t)]^\mathrm{T}$，则有

$$\begin{aligned} \dot{\phi}_i(t) &= \dot{x}_i(t) - \dot{\hat{x}}_i(t) \\ &= A_ix_i(t) + B_iK_{1i}\hat{x}_i(t) + B_iK_{2i}z_i(t) - (A_i + B_iK_{1i})\hat{x}_i(t) \\ &\quad - B_iK_{2i}z_i(t) + G_i(y_i(t) - C_i\hat{x}_i(t)) \\ &= A_i(x_i(t) - \hat{x}_i(t)) + G_i(C_ix_i(t) - C_i\hat{x}_i(t)) \\ &= (A_i + G_iC_i)\phi_i(t) \end{aligned}$$

由于矩阵 $A_i + G_iC_i$ 是赫尔维茨的，则可以推导出 $\lim\limits_{t\to\infty}\phi_i(t) = 0$。结合等式 $\Pi_iA_0 = A_i\Pi_i + B_iU_i$ 和 $K_{2i} = U_i - K_{1i}\Pi_i$，可以得到 $\varsigma_i(t)$ 的时间导数为

$$\begin{aligned} \dot{\varsigma}_i(t) &= \dot{x}_i(t) - \Pi_i\dot{z}_i(t) \\ &= A_ix_i(t) + B_i(K_{1i}\hat{x}_i(t) + K_{2i}z_i(t)) - \Pi_iA_0z_i(t) \\ &\quad - c\Pi_iQF\left(\sum_{j=1}^{N}|a_{ij}|(z_j(t) - \mathrm{sgn}(a_{ij})z_i(t)) + a_{i0}(d_ix_0(t) - z_i(t))\right) \end{aligned}$$

$$= (A_i + B_i K_{1i}) \varsigma_i(t) + B_i K_{1i}(\hat{x}_i(t) - x_i(t)) + B_i(K_{1i}\Pi_i - K_{2i} - U_i) z_i(t)$$

$$- c\Pi_i QF \left(\sum_{j=1}^{N} |a_{ij}| (z_j(t) - \text{sgn}(a_{ij}) z_i(t)) + a_{i0}(d_i x_0(t) - z_i(t)) \right) \qquad (11.14)$$

$$= (A_i + B_i K_{1i}) \varsigma_i(t) - B_i K_{1i}\phi_i(t)$$

$$- c\Pi_i QF \left(\sum_{j=1}^{N} |a_{ij}| (\eta_j(t) - \text{sgn}(a_{ij})\eta_i(t)) + a_{i0}\eta_i(t) \right)$$

且通过对式（11.14）的简单计算可以得到以下紧凑的形式

$$\dot{\varsigma}(t) = (A + BK_1)\varsigma(t) - BK_1\phi(t) - \text{block diag}(\Pi_i)(cL_s \otimes QF)\eta(t)$$

考虑到矩阵 $A_i + B_i K_{1i}$ 是赫尔维茨的，$\lim_{t\to\infty}\eta_i(t) = 0$ 和 $\lim_{t\to\infty}\phi_i(t) = 0$，则可以得到结论 $\lim_{t\to\infty}\varsigma(t) = 0$ 和 $\lim_{t\to\infty}(x_i(t) - \Pi_i z_i(t)) = 0$，即 $\lim_{t\to\infty}e_i(t) = 0$ 也成立。因此，根据定义 11.1 可知，在控制协议（11.12）的作用下，异质多智能体系统（11.1）可以实现二部输出一致性。定理 11.2 得证。□

　　注释 11.4　与控制协议（11.4）不同，二部输出一致性控制协议（11.12）的设计用到了输出信息，并且也采用了状态观测器和输出反馈控制法。

11.5　数　值　仿　真

　　为了验证本章所提出控制协议的正确性，本节将给出两个仿真示例。如图 11.1 所示为异质多智能体系统的通信拓扑图，其中节点 $1, 2, \cdots, 5$ 代表跟随者，节点 0 代表领导者。可以看出，跟随者 1~5 可以分为两组 $\mathcal{V}_1 = \{1, 2\}$ 和 $\mathcal{V}_2 = \{3, 4, 5\}$，这意味着跟随者之间的符号子图 $\mathcal{G}$ 是结构平衡的。此外，拉普拉斯矩阵 L_s 为

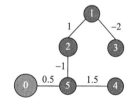

图 11.1　异质多智能体系统的通信拓扑图

$$L_s = \begin{bmatrix} 3 & -1 & 2 & 0 & 0 \\ -1 & 2 & 0 & 0 & 1 \\ 2 & 0 & 2 & 0 & 0 \\ 0 & 0 & 0 & 1.5 & -1.5 \\ 0 & 1 & 0 & -1.5 & 3 \end{bmatrix}$$

且 $D = \text{diag}\{-1, -1, 1, 1, 1\}$。因此，可以验证假设 11.5 成立。设置 6 个智能体的参数分别为 $A_0 = \begin{bmatrix} 0 & 1 \\ -1 & 0 \end{bmatrix}$，$A_1 = \begin{bmatrix} 0 & 1 \\ -1 & -2 \end{bmatrix}$，$A_2 = \begin{bmatrix} 0 & 1 \\ -1.5 & -1 \end{bmatrix}$，$A_3 = \begin{bmatrix} 0 & 1 \\ -2 & -1 \end{bmatrix}$，$A_4 =$

$$\begin{bmatrix} 0 & 1 \\ -0.5 & -1 \end{bmatrix}, \quad A_5 = \begin{bmatrix} 0 & 1 \\ -2 & -2 \end{bmatrix}, \quad B_1 = [0 \quad 0.5]^{\mathrm{T}}, \quad B_2 = [0 \quad 1]^{\mathrm{T}}, \quad B_3 = [0 \quad 1.5]^{\mathrm{T}}, \quad B_4 =$$

$[0 \quad 2]^{\mathrm{T}}$，$B_5 = [0 \quad 2.5]^{\mathrm{T}}$，$C_0 = [1 \quad 1]$，$C_1 = [0 \quad 1]$，$C_2 = [1 \quad 0]$，$C_3 = [2 \quad 1]$，$C_4 =$ $[1.5 \quad 1]$，$C_5 = [1 \quad 0.5]$。可以验证假设 11.1～假设 11.3 均成立。

例 11.1　本例用于验证定理 11.1 中所得结果的准确性。选择矩阵 $Q = [0 \quad 1]^{\mathrm{T}}$，则通过矩阵不等式（11.5）可以得到矩阵 $F = Q^{\mathrm{T}}P = [4.2 \quad 1.3]$。令 $K_{11} = [-1 \quad -1]$，$K_{12} = [-2 \quad -1]$，$K_{13} = [-1.5 \quad -1]$，$K_{14} = [-1.2 \quad -0.7]$，$K_{15} = [-1.6 \quad -0.8]$ 使得矩阵 $A_i + B_i K_{1i}$ 是赫尔维茨的。根据式（11.3）和 $K_{2i} = U_i - K_{1i}\Pi_i$，我们可以计算出 $K_{21} = [-0.5 \quad -1]$，$K_{22} = [-1 \quad -0.5]$，$K_{23} = [-0.8 \quad -1.2]$，$K_{24} = [-2 \quad -1.3]$，$K_{25} = [-0.9 \quad -1.8]$。选择参数 $c = 2.5$ 且设置初始状态 $x_0(0)$、$x_i(0)$ 和 $z_i(0)$ 为任意值。

图 11.2 显示了智能体的输出状态轨迹图。图 11.3 显示了跟随者智能体的调节输出误差轨迹图。可以直观地看到跟随者智能体 3、4 和 5 的输出状态能渐近地趋近于领导者的输出状态，跟随者智能体 1 和 2 的输出状态能渐近地趋近于领导者输出状态的相反值。此外，还可以看出每个跟随者的调节输出误差值随着时间的推移趋近于零。因此，在控制协议（11.4）的作用下，异质多智能体系统（11.1）可以实现二部输出一致性。

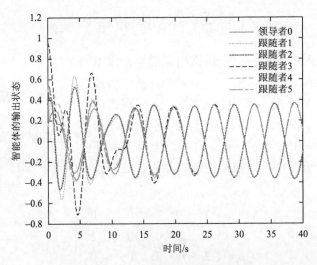

图 11.2　智能体的输出状态轨迹图

例 11.2　本例用于验证定理 11.2 中所得结果的准确性。选择控制参数 c，Q，F，K_{1i} 和 K_{2i} 与例 11.1 保持一致。令 $G_1 = [0.4 \quad 0.68]^{\mathrm{T}}$，$G_2 = [0.5 \quad 0.1]^{\mathrm{T}}$，$G_3 = [0.6 \quad -0.72]^{\mathrm{T}}$，$G_4 = [0.7 \quad -1.45]^{\mathrm{T}}$，$G_5 = [0.9 \quad -1.8]^{\mathrm{T}}$ 使得矩阵 $A_i + G_i C_i$ 是赫尔维茨的。值得注意的是，所有智能体的初始状态值也是任意选取的。图 11.4～图 11.6

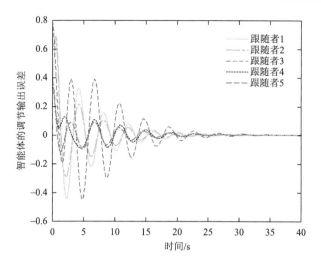

图 11.3　跟随者智能体的调节输出误差轨迹图

分别显示了智能体的输出状态，状态观测器误差和调节输出误差随时间变化的轨迹图。从图 11.4 可以看出，跟随者智能体 3、4 和 5 的输出状态能渐近地跟踪到领导者输出状态，然而跟随者智能体 1 和 2 的输出状态能渐近地趋近于领导者输出状态的相反值。此外，由图 11.5 和图 11.6 可观察到，每个跟随者的状态观测器误差值和调节输出误差值随着时间的推移趋近于零。因此，异质多智能体系统（11.1）在控制协议（11.12）的作用下，能够实现二部输出一致性。

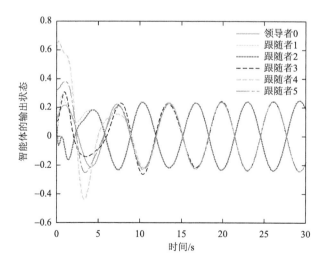

图 11.4　智能体的输出状态轨迹图

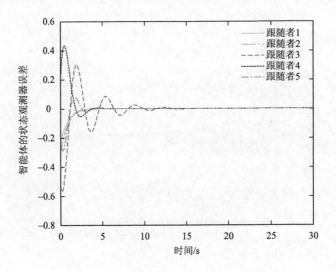

图 11.5　智能体的状态观测器误差轨迹图

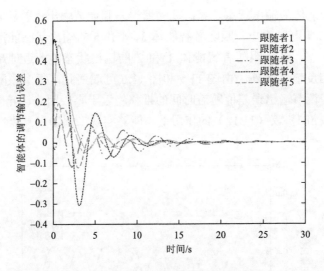

图 11.6　智能体的调节输出误差轨迹图

11.6　本　章　小　结

　　本章采用输出调节方法来解决异质多智能体系统的二部输出一致性问题。主要内容包括：当智能体状态可测时，基于状态反馈的方法提出了一种非光滑二部输出一致性控制协议；当智能体状态不可测时，基于输出反馈方法和状态观测器，提出了一种分布式二部输出一致性协议，并利用代数图论和稳定性理论的相关知识，得到了能够保证异质多智能体系统实现二部输出一致性的充分条件。最后，通过两个数值算例验证了理论结果的有效性。

参 考 文 献

[1] Olfati-Saber R，Murray R M. Consensus problems in networks of agents with switching topology and time-delays[J]. IEEE Transactions on Automatic Control，2004，49（9）：1520-1533.

[2] Yu W，Chen G，Cao M. Some necessary and sufficient conditions for second-order consensus in multi-agent dynamical systems[J]. Automatica，2010，46（6）：1089-1095.

[3] Wen G，Hu G，Yu W，et al. Distributed H_∞ consensus of higher order multiagent systems with switching topologies[J]. IEEE Transactions on Circuits and Systems-II：Express Briefs，2014，61（5）：359-363.

[4] Mu N，Liao X，Huang T. Leader-following consensus in second-order multiagent systems via event-triggered control with nonperiodic sampled data[J]. IEEE Transactions on Circuits and Systems-II：Express Briefs，2015，62（10）：1007-1011.

[5] Zheng Y，Wang L. Consensus of switched multiagent systems[J]. IEEE Transactions on Circuits and Systems-II：Express Briefs，2015，63（3）：314-318.

[6] Tian Y P，Zhang Y. High-order consensus of heterogeneous multi-agent systems with unknown communication delays[J]. Automatica，2012，48（6）：1205-1212.

[7] Feng Y，Xu S，Lewis F L，et al. Consensus of heterogeneous first-and second-order multi-agent systems with directed communication topologies[J]. International Journal of Robust and Nonlinear Control，2015，25（3）：362-375.

[8] Ding L，Zheng W X. Network-based practical consensus of heterogeneous nonlinear multiagent systems[J]. IEEE Transactions on Cybernetics，2016，47（8）：1841-1851.

[9] Li S，Feng G，Luo X，et al. Output consensus of heterogeneous linear discrete-time multiagent systems with structural uncertainties[J]. IEEE Transactions on Cybernetics，2015，45（12）：2868-2879.

[10] Hu W，Liu L，Feng G. Output consensus of heterogeneous linear multi-agent systems by distributed event-triggered/self-triggered strategy[J]. IEEE Transactions on Cybernetics，47（8）：1914-1924.

[11] Qian Y Y，Liu L，Feng G. Output consensus of heterogeneous linear multi-agent systems with adaptive event-triggered control[J]. IEEE Transactions on Automatic Control，2019，64（6）：2606-2613.

[12] Altafini C. Consensus problems on networks with antagonistic interactions[J]. IEEE Transactions on Automatic Control，2013，58（4）：935-946.

[13] Meng D，Jia Y，Du J. Finite-time consensus for multiagent systems with cooperative and antagonistic interactions[J]. IEEE Transactions on Neural Networks and Learning Systems，2016，27（4）：762-770.

[14] Meng D，Du M，Jia Y. Interval bipartite consensus of networked agents associated with signed digraphs[J]. IEEE Transactions on Automatic Control，2016，61（12）：3755-3770.

[15] Qin J，Fu W，Zheng W X，et al. On the bipartite consensus for generic linear multiagent systems with input saturation[J]. IEEE Transactions on Cybernetics，2017，47（8）：1948-1958.

[16] Wen G，Wang H，Yu X，et al. Bipartite tracking consensus of linear multi-agent systems with a dynamic leader[J]. IEEE Transactions on Circuits and Systems-II：Express Briefs，2018，65（9）：1204-1208.

[17] Su Y，Huang J. Cooperative output regulation of linear multi-agent systems[J]. IEEE Transactions on Automatic Control，2012，57（4）：1062-1066.

[18] Feng G，Zhang T. Output regulation of discrete-time piecewise-linear systems with application to controlling chaos[J]. IEEE Transactions on Circuits and Systems-II：Express Briefs，2006，53（4）：249-253.

[19] Han T，Guan Z H，Xiao B，et al. Distributed output consensus of heterogeneous multi-agent systems via an output regulation approach[J]. Neurocomputing，2019，360：131-137.

[20] Li E，Ma Q，Zhou G. Bipartite output consensus for heterogeneous linear multi-agent systems with fully distributed protocol[J]. Journal of the Franklin Institute，2019，356（5）：2870-2884.